MATÉRIAUX

POUR

L'HISTOIRE DES TEMPS QUATERNAIRES

PAR

Albert GAUDRY

Membre de l'Institut, Professeur au Muséum d'histoire naturelle

ET

Marcellin BOULE

Agregé de l'Université, Docteur ès sciences

QUATRIÈME FASCICULE

PARIS

LIBRAIRIE F. SAVY

77, BOULEVARD SAINT-GERMAIN, 77

1892

LES OUBLIETTES DE GARGAS

PAR

Albert GAUDRY & Marcellin BOULE

Il y a, dans les Hautes-Pyrénées, non loin de Montréjeau, une grotte vaste et belle, célèbre par ses légendes, qu'on appelle la grotte de Gargas. Fréquentée des touristes depuis longtemps, elle a été signalée à l'attention des géologues par M. Garrigou (1). Plus récemment, M. Félix Regnault, déjà connu par des recherches d'archéologie préhistorique, en a entrepris une exploration détaillée (2) ; ses fouilles ont duré plusieurs années (3).

Vers le fond de la caverne, à plus de 100 mètres de l'entrée

(1) F. Garrigou. Monographie de Bagnères-de-Luchon, p. 203, 1872. Ce travail est accompagné d'une coupe de la caverne de Gargas.

(2) F. Regnault. La grotte de Gargas (*Bull. Soc. hist. nat. de Toulouse*, 1883, p. 257-258, avec coupe et plan).

(3) L'un de nous a également publié une coupe et des détails sur la stratigraphie de la grotte de Gargas : Marcellin Boule, Notes sur le remplissage des cavernes, dans l'*Anthropologie* (janvier-février 1892). Les figures 1 et 2 sont empruntées à ce travail.

(fig. 1), se trouve un puits dont l'orifice est tellement étroit qu'un homme a de la peine à y passer ; ce puits s'enfonce verticalement à près de 20 mètres de profondeur ; c'est ce qu'on appelle les *Oubliettes de Gargas* (fig. 2). M. Regnault a eu la curiosité d'y descendre ; il en a retiré une multitude d'os fossiles qu'on hissait dans un panier, au moyen d'une corde. L'espace est si exigu, il y a si peu d'air que M. Regnault et ses aides étaient fréquemment obligés de sortir de leur trou pour respirer librement. C'est dans ces conditions qu'ont été trouvés de nombreux restes d'*Ursus spelæus* de petite race, d'*Hyæna crocuta* (*spelæa*) et de Loup.

Fig. 1. — Plan de la grotte de Gargas au 1/15 000ᵉ environ, d'après des documents fournis par M. Regnault.

Des squelettes presque complets de ces trois espèces fossiles ont été donnés par M. Regnault au Muséum d'histoire naturelle de Paris ; ils se trouvent actuellement dans la nouvelle galerie de paléontologie. Ils ont été montés avec beaucoup de soin ; une croix rouge indique les pièces qui ont dû être ajoutées pour suppléer à celles qui manquaient. Le présent mémoire est consacré à leur étude et à l'exposé de quelques remarques sur les Ours, les Hyènes et les Chiens fossiles en général. L'Ours des cavernes est une espèce distincte, l'Hyène des cavernes n'est qu'une race et le Loup des cavernes est absolument semblable au Loup actuel.

C'est la première fois, à notre connaissance, qu'on a obtenu des squelettes à peu près entiers d'une Hyène et d'un Loup fossiles. Les Hyènes ont été communes dans les cavernes de plusieurs pays ; elles ont même été trop communes au gré des paléontologistes, car elles ont détruit les os d'un grand nombre d'animaux quaternaires, tantôt les dévorant, tantôt les rongeant, au point

Fig. 2. — Coupe verticale des *Oubliettes*, d'après un dessin publié par M. F. Regnault.

A. entrée des Oubliettes ; B. fissure de communication ; N. vide principal ; H. gisement de l'Hyène ; V. gisement de l'Ours ; L. gisement du Loup.

de les rendre méconnaissables. Comme elles n'ont point épargné les os de leur propre espèce, on n'en rencontre le plus souvent que des parties incomplètes.

Les animaux de Gargas sont-ils arrivés dans le puits à l'état vivant ou y sont-ils tombés après leur mort? Nous ne saurions le dire; mais il est vraisemblable que, si leurs squelettes sont restés intacts, c'est parce que les Hyènes n'ont pu venir manger les cadavres au fond d'un trou comme les *Oubliettes* (1).

LE PETIT OURS DES CAVERNES

(*URSUS SPELÆUS*, Blum. var. *MINOR*)

A part sa taille, le petit Ours de Gargas (pl. XX) ressemble à l'*Ursus spelæus* ordinaire. Celui-ci est notablement plus fort que les plus grands Ours actuels, l'Ours gris (*Ursus horribilis*) et l'Ours brun de Pologne (*Ursus arctos*); au contraire, le petit *Ursus spelæus* de Gargas a des membres plus courts que l'Ours gris et l'Ours brun de Pologne.

La tête de notre petit Ours de Gargas a de grosses bosses frontales, comme dans le grand Ours des cavernes; mais elle est plus étroite. Sur 40 centimètres dans sa longueur jusqu'au bord incisif, elle a 20 centimètres de largeur, y compris les arcades zygomatiques. En général, les grands Ours ont plus de largeur; cependant on retrouve quelquefois chez eux les mêmes proportions.

On peut aussi noter que le crâne de notre petit Ours est un

---

(1) L'un de nous a déjà présenté quelques remarques sur l'Ours et l'Hyène de Gargas : Albert Gaudry, Sur les Hyènes de la grotte de Gargas découvertes par M. Regnault (*Comptes rendus de l'Acad. des Sc.*, 9 février 1885). — Le petit *Ursus spelæus* de Gargas (*Comptes rendus de l'Acad. des Sc.*, 14 mars 1887).

peu moins comprimé dans la région pariétale ; sa crête sagittale n'est pas aussi forte que dans la plupart des *Ursus spelæus*. Il ne faut pas attacher beaucoup d'importance à ces différences. Les recherches de M. Trutat (1) ont montré combien sont considérables les variations des têtes de l'*Ursus spelæus*. Delbos (2), Middendorf (3) et M. Schäff (4) ont fait des observations analogues sur les Ours actuels. M. Schäff a remarqué, par exemple, que les *Ursus arctos* de Russie présentent des différences notables dans l'allongement des têtes et la forme des profils frontaux.

Au point de vue de la dentition, le grand Ours des cavernes se sépare des espèces actuelles par l'absence à peu près constante des trois prémolaires antérieures, le développement très considérable des tuberculeuses et la complication de la quatrième prémolaire inférieure.

Notre petit Ours du Muséum (pl. XXI et XXII, fig. 5) a, de chaque côté de la mâchoire supérieure, un alvéole pour une troisième prémolaire. Il en est de même sur un crâne de la collection de M. Regnault à Toulouse. Mais, sur un second crâne de la même collection, cette prémolaire n'existe que d'un seul côté et sur un autre exemplaire du Muséum qui provient également de Gargas, nous ne voyons aucune trace d'alvéole. On ne saurait donc regarder la persistance d'une troisième prémolaire supérieure comme un caractère absolu et particulier à la petite race de l'*Ursus spelæus*. Toutefois, on

(1) Étude sur la forme générale du crâne chez l'Ours des cavernes. In-8, avec deux planches, 1867.
(2) *Ann. des sciences naturelles*, 4ᵉ série, Zoologie, t. IX, et *Bull. Soc. géol. de France*, 2ᵉ série, t. XVIII, 1860.
(3) Untersuchungen an Schädeln des gemeinen Landbären (*Verhandl. d. Russ. Kais. Mineral. Gesel.* Saint-Pétersbourg, 1850).
(4) *Sitzungs-Bericht der Gesellschaft naturforschender Freunde.* Berlin, 19 mars 1889.

peut admettre que ce caractère se montre plus fréquemment dans cette race que dans la grande.

Le petit Ours a ses tuberculeuses très développées, en même temps que leur structure est compliquée, caractères qui confirment son étroite parenté avec l'*Ursus spelæus* ordinaire.

Nos Ours actuels ont des formes lourdes et épaisses. L'Ours des cavernes, soit de la petite soit de la grande race, devait être un singulier animal, étant encore beaucoup plus massif et trapu (1). La grosseur des os est considérable, proportionnellement à leur longueur. Les pattes de devant sont fort élargies. Dans les squelettes entiers d'*Ursus spelæus* que nous possédons (grand individu de l'Herm et surtout petits individus de Gargas), les tibias sont courts, comparativement à ceux de l'Ours brun : peut-être la brièveté des membres postérieurs chez l'*Ursus spelæus*, comme chez les Hyènes, était une disposition favorable pour descendre dans les cavernes où ces animaux ont vécu. Si l'on remarque qu'outre la lourdeur de son corps, l'*Ursus spelæus* avait des phalanges onguéales assez faibles, qu'il avait à peu près perdu ses prémolaires antérieures, que ses tuberculeuses s'étaient agrandies et que les pointes de ces tuberculeuses s'étaient émoussées, tout en se multipliant, on est porté à penser que son régime devait être surtout omnivore et qu'il n'a pas dû être pour nos pères un voisin bien

(1) Voici quelques mesures comparatives; elles n'ont pas une exactitude rigoureuse, parce que nos squelettes fossiles ont été reconstitués avec des os de différents individus :

	Grand *Ursus spelæus* de l'Herm.	Petit *Ursus spelæus* de Gargas.	*Ursus arctos* de Pologne.
Longueur de la tête sans les incisives.	0,49	0,40	0,56
» de l'humérus.	0,45	0,36	0,56
» du radius.	0,33	0,26	0,52
» du fémur.	0,46	0,38	0,42
» du tibia	0,30	0,25	0,31

redoutable. Il a été le moins carnivore des Carnivores; de même que le Mammouth du Quaternaire a été le plus éléphant des Éléphants, l'*Ursus spelæus* du Quaternaire a été le plus ours des Ours.

Le petit *Ursus spelæus* a été contemporain du grand. Il n'est pas rare à Gargas. L'un de nous l'a trouvé à l'Herm, il y a longtemps, dans une excursion faite sous la conduite de M. l'abbé Pouech; le musée de Toulouse en possède de nombreuses pièces. Dans la grotte d'Aubert, près de Saint-Girons, fouillée par M. Félix Regnault, les os des petits *Ursus spelæus* sont plus communs qu'à l'Herm et moins communs qu'à Gargas.

M. Delbos (1) a indiqué nettement deux races d'*Ursus spelæus*, une grande et une petite, dans la caverne de Sentheim (Haut-Rhin).

En Belgique aussi, on a découvert un petit *Ursus spelæus*; mais, d'après Schmerling (2), son crâne serait l'opposé de celui de Gargas, car il serait très large comparativement à sa longueur.

Enfin, en Italie, M. Capellini (3) a signalé, dès 1859, la présence, dans la grotte de Cassana, d'une forme d'Ours ayant tous les caractères de l'*Ursus spelæus*, avec une taille beaucoup plus faible.

Il se pourrait que des deux races d'*Ursus spelæus*, la petite fût plus ancienne que la grande. Ce qui tendrait à le faire croire, c'est sa taille moindre et la persistance plus fréquente d'une petite prémolaire. L'un de nous a vu, dans la collection

(1) *Bull. Soc. géol. de France*, 2ᵉ série, t. XVIII, 1860.
(2) Ossements fossiles des cavernes de Liège, pl. XI et XII.
(3) Nuove ricerche paleontologiche nella caverna ossifera di Cassana. Lettera al Prof. M. Lessona (*Ligura medica*, nᵒˢ 5 et 6, Genova, 1859).

16 — 1892

de M. Loydreau, maire de Chagny, un crâne d'Ours provenant
des brèches de la pointe du Bois à Santenay. Ce crâne, de petite
taille, est semblable à celui de l'*Ursus spelæus* par ses bosses
frontales, tandis que les tuberculeuses sont intermédiaires entre
celles de l'Ours des cavernes et celles de l'*Ursus arctos*; il y a
également une petite prémolaire à la mâchoire inférieure. Ce
type primitif aurait continué de vivre quelque temps à côté de
la grosse race qui en est sortie.

Outre l'*Ursus spelæus*, les cavernes renferment les débris
d'un Ours de forme moins massive, qui a été appelé *Ursus
priscus* et que des paléontologistes habiles ont cru pouvoir iden-
tifier avec l'Ours gris de Californie (*Ursus horribilis*). Nous avons
constaté que, d'après un squelette du Musée de Paris, l'Ours
gris diffère plus que l'Ours brun (*Ursus arctos*) de l'*Ursus
priscus*; car notre squelette d'Ours gris est plus massif que
celui de l'Ours brun et son humérus se distingue par une plus
forte saillie de l'épitrochlée. Les humérus et les autres os de
l'*Ursus priscus* que nous connaissons ne présentent pas ces
caractères. L'*Ursus priscus* paraît être simplement un *Ursus
arctos* de grande taille, et nous pensons que le mieux est de
l'inscrire sous le nom d'*Ursus arctos* (race *priscus*); il serait
l'ancêtre de nos Ours (1), tandis que l'*Ursus spelæus* serait une
espèce distincte qui s'est éteinte sans laisser de postérité.

Un crâne de la caverne de l'Herm a été décrit par M. Filhol (2),
sous le nom d'*Ursus Gaudryi*; comme l'a montré cet habile
paléontologiste, il est aussi volumineux que celui du grand
Ours des cavernes, mais il présente des caractères tout à fait

----

(1) M. Filhol, en étudiant un crâne d'*Ursus priscus*, qui provient de la caverne de
l'Herm (Extr. *Soc. sciences phys. et nat. de Toulouse*), a fait ressortir les ressemblances de
ce fossile avec l'Ours brun actuel des Pyrénées.

(2) *Comptes rendus de l'Académie des sciences*, 1881, 1ᵉʳ sem., p. 929.

opposés; il est extraordinairement aplati; les os nasaux et frontaux forment une surface presque plane et rectangulaire; la face est raccourcie; la barre entre la canine et les molaires est très réduite; le palais est large. Malheureusement les dents manquent. D'après ce que nous avons pu voir dans la galerie d'Anatomie comparée du Muséum, l'Ours blanc, parmi les espèces vivantes, est celui qui se rapprocherait le plus du crâne de l'Herm; il a le museau plus court, plus dilaté, les os nasaux et les frontaux plus plats que dans l'*Ursus arctos* et ses variétés, mais il est encore loin d'égaler, sous tous ces rapports, l'*Ursus Gaudryi*.

L'origine et l'évolution paléontologique des Ours sont assez bien connues dans leurs grands traits. Les planches XXI et XXII sont destinées à représenter les principaux termes de cette évolution (1).

Les *Amphicyon* de l'Oligocène étaient des animaux plantigrades comme les Ours, mais qui par leur dentition se rapprochaient beaucoup des Chiens actuels (2).

L'*Hemicyon* du Miocène de Sansan (fig. 1) a ses prémolaires peu développées; il n'a plus que deux tuberculeuses et celles-ci ont déjà dédoublé leur tubercule interne, s'acheminant par ce caractère vers la forme ours.

(1) Nous croyons devoir répondre d'avance à une observation qui pourrait nous être faite, à propos de ces planches. En composant une série de mâchoires empruntées à divers animaux fossiles, nous ne prétendons pas que les *espèces* choisies soient dérivées les unes des autres. Nous ne nous croyons pas autorisés, par exemple, à affirmer que les *Hyænarctos* des Siwalik soient descendus de l'*Hemicyon* de Sansan. Pour représenter les stades évolutifs qui ont dû se succéder dans un ordre chronologique ascendant, nous avons voulu choisir des formes *réelles*. Il est très possible que les fossiles choisis ne dérivent pas les uns des autres. Nous pensons simplement qu'ils sont voisins des formes qui ont réalisé les passages intermédiaires entre les types originels et les types actuels.

(2) Nous ne citons pas ici le *Dinocyon*, parce que nous pensons que c'est un *Amphicyon* qui a perdu sa troisième tuberculeuse.

Entre les animaux comme l'*Hemicyon* et les vrais Ours, nous connaissons des formes intermédiaires où les prémolaires et la carnassière se réduisent, tandis que les tuberculeuses prennent un plus grand développement et que leur structure devient plus compliquée. Ainsi dans les *Hyænarctos* de l'Inde (fig. 2) qu'ont fait connaître Falconer et M. Lydekker, les molaires deviennent plus massives; les tuberculeuses supérieures, plus développées en longueur, abandonnent la forme subtriangulaire des types précédents pour acquérir une forme subrectangulaire et des caractères plus omnivores.

M. Koken (1) a donné une intéressante note sur un morceau qui a été signalé par M. Lydekker sous le nom d'*Hyænarctos minutus*. La deuxième tuberculeuse supérieure, par son allongement, marque un degré de plus vers les Ours que chez les autres *Hyænarctos*. Nous n'en donnons pas la figure, parce qu'on n'en connaît encore que deux dents.

L'Ursidé fossile des dépôts pampéens de l'Amérique du Sud, auquel Gervais a donné le nom d'*Arctotherium bonariense* et son proche parent l'Ours des cavernes de Californie, décrit récemment par M. Cope sous le nom d'*Arctotherium simum* (2) sont des espèces dans un état d'évolution bien voisin des *Hyænarctos*. Il en est de même de l'*Æluropus melanoleucus*, M. Edw., espèce vivante découverte en 1869 par le père David dans les montagnes du Thibet.

En passant des formes du groupe *Hyænarctos* aux Ours proprement dits, par exemple à l'*Ursus arvernensis* du Pliocène de Perrier ou à l'*Ursus etruscus* du Val d'Arno (fig. 3), la carnassière se réduit davantage, tandis que les tuberculeuses augmentent encore de longueur. L'accroissement porte principa-

(1) *Sitzungs-Bericht der Gesellsch. naturf. Freunde zu Berlin*, n° 5, 1888.
(2) *American naturalist*, novembre 1891.

lement sur la seconde tuberculeuse, qui se prolonge en arrière
par un fort talon et dont les denticules primitifs se dédoublent
pour donner un plus grand nombre de tubercules. Les prémolaires antérieures sont encore persistantes comme dans les
types primitifs, mais elles sont moins développées.

Ainsi que l'a montré M. Depéret (1), l'*Ursus etruscus* du Val
d'Arno est une forme plus différenciée dans le sens du type
ours que l'*Ursus arvernensis* de France. La longueur des
tuberculeuses est un peu plus grande; la tête a été plus grosse
et plus allongée. L'*Ursus etruscus* d'Olivola atténue pourtant un
peu ces différences qui se retrouvent, trait pour trait, dans
l'*Ursus thibetanus* actuel. Ce dernier se rapproche tellement de
l'Ours pliocène d'Italie qu'on pourrait à bon droit inscrire les
deux espèces sous le même nom. Il est rare qu'on trouve la
filiation directe d'un fossile. Ici, il est vraiment bien difficile de
douter que l'Ours du Thibet ne soit le descendant direct de
l'Ours d'Olivola.

C'est probablement dans ce groupe des Ours pliocènes et des
espèces actuelles de l'Asie qu'il faut aussi chercher l'origine
des Ours actuels de l'Europe et de l'Amérique (*Ursus arctos*
(fig. 4), *Ursus horribilis*), dont les prémolaires ne sont plus
qu'en partie persistantes.

Il est curieux de constater, une fois de plus, qu'il est moins
difficile de trouver des rapports de parenté entre les espèces
pliocènes d'Europe et les espèces actuelles, qu'entre celles-ci
et la plupart des espèces éteintes caractéristiques du Quaternaire.

Le tableau suivant résume les considérations précé-
dentes (2) :

(1) *Mémoires de la Société géologique de France. Paléontologie*, t. I, fasc. II, 1890.
(2) Les astérisques montrent les principales lacunes.

| TEMPS ACTUELS. | *Æluropus.* | *Ursus Thibetanus.* | *Ursus arctos.* |

Ursus spelæus major.

QUATERNAIRE.

Ursus spelæus minor.

Ursus de Santenay.

Arctotherium.

PLIOCÈNE SUPÉRIEUR.   *Ursus etruscus*

PLIOCÈNE MOYEN.   *Ursus arvernensis.*

PLIOCÈNE INFÉRIEUR.   *Hyænarctos* de l'Inde.

MIOCÈNE.   Forme *Hemicyon.*

OLIGOCÈNE.   Forme *Amphicyon.*

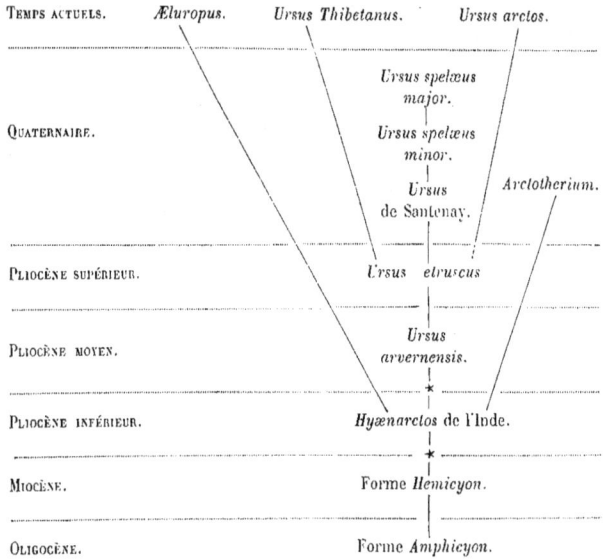

L'HYÈNE DES CAVERNES

(*HYÆNA CROCUTA* Erxl., race *SPELÆA*)

L'examen du squelette de M. Regnault et des morceaux fossiles de divers pays que possède le Muséum de Paris confirme la croyance que l'Hyène des cavernes est la même espèce que l'Hyène tachetée aujourd'hui vivante dans l'Afrique australe

(*Hyæna crocuta*) (1). Les mêmes particularités qui distinguent l'Hyène tachetée de l'Hyène rayée (*Hyæna striata*) caractérisent l'Hyène des cavernes. Comme l'Hyène tachetée, l'Hyène des cavernes est plus grande et plus forte que l'Hyène rayée ; son crâne est un peu plus large proportionnellement à sa longueur ; ses humérus ont un trou olécranien qui manque ou est très petit dans les squelettes d'Hyène rayée du Muséum.

Ainsi que dans l'Hyène tachetée, les prémolaires sont plus hautes, moins longues, plus rondes, plus épaisses proportionnellement à leur longueur que dans l'Hyène rayée, indiquant au suprême degré une dentition destinée à broyer des os ; au contraire, les carnassières sont notablement plus longues ; la carnassière supérieure a des lobes plus inégaux, le premier lobe étant plus petit et le troisième plus grand ; la carnassière inférieure a un plus petit talon, elle est dépourvue au second lobe du fort denticule qui caractérise l'Hyène rayée. Les tuberculeuses supérieures, bien qu'absentes sur les crânes que nous avons vus, montrent, par la petitesse de leur alvéole (2), qu'elles ressemblaient à celles de l'Hyène tachetée et différaient des longues tuberculeuses de l'Hyène rayée. Enfin, les dents de l'Hyène des cavernes et de l'Hyène tachetée ayant une épaisseur inusitée chez les carnassiers, les os des mâchoires qui logent ces dents sont plus forts que dans l'Hyène rayée.

Un des crânes de Gargas, comme celui de l'Hyène trouvée autrefois dans la grotte de l'Herm par M. Filhol, a un peu plus de largeur que dans les Hyènes tachetées du Muséum ; mais un autre crâne de Gargas a les mêmes proportions que dans l'espèce vivante.

(1) M. Boyd Dawkins, qui a si bien étudié les animaux quaternaires de la Grande-Bretagne, a adopté la même opinion.

(2) Ces tuberculeuses n'ont qu'une seule racine, au lieu de deux, comme l'indiquent plusieurs livres de zoologie et notamment le *Catalogue des Mammifères* de Gray.

Sur deux mâchoires d'Hyènes de Gargas, le talon de la carnassière inférieure est un peu plus fort que dans l'Hyène
tachetée actuelle ; sur une troisième mâchoire, il est tout semblable.

Deux mandibules de l'Hyène de Gargas ont, au second lobe
de la carnassière inférieure, un rudiment du denticule qui
caractérise l'Hyène rayée ; il est à peine sensible et ne peut
avoir grande importance, car, sur la mâchoire du squelette
complet que nous figurons, on voit d'un côté une carnassière
qui a ce rudiment de denticule, et de l'autre côté une carnassière qui en est dépourvue.

A côté de ces ressemblances, on peut découvrir quelques
nuances différentielles. Ainsi il nous semble que la carnassière
est, proportionnellement aux autres dents, un peu plus grande
dans l'Hyène des cavernes que dans l'Hyène tachetée actuelle.
De Blainville a dit que la tuberculeuse supérieure est ronde au
lieu d'être subtriangulaire comme dans l'Hyène vivante ; cela
est vrai sur l'échantillon unique qu'a décrit de Blainville (1),
ainsi que nous nous en sommes assurés ; mais sur tous les
autres échantillons que nous avons étudiés, cette dent manque ;
nous ne pouvons donc rien conclure d'un fait isolé d'une si
faible importance. La seule différence facilement appréciable,
c'est que les os de l'Hyène des cavernes sont plus gros à longueur égale et dénotent des bêtes plus trapues. Peut-être les
membres de derrière étaient plus abaissés que dans les Hyènes
tachetées actuelles, indiquant davantage l'allure habituelle de
l'Hyène rayée. Ces modifications peuvent être des adaptations à
la vie dans les cavernes de notre Hyène de l'époque quaternaire : pendant cette rude époque, les bêtes, comme les hommes,

(1) Ostéographie. — Des Hyènes, p. 40.

se sont réfugiées dans les abris où elles étaient moins exposées aux frimas. Tandis que les Hyènes, dérivées sans doute des espèces tertiaires, formaient dans nos pays la race *spelæa* en rapport avec leurs conditions spéciales de vie, elles se continuaient presque sans changement dans les contrées que le froid n'avait pas atteint, nous offrant ainsi ce fait curieux de races actuelles d'Afrique moins différentes des espèces pliocènes que les races quaternaires.

Dès le miocène supérieur vivait à Pikermi une Hyène, l'*H. eximia*, qui tend déjà vers le type *crocuta* par plusieurs caractères. Sa carnassière inférieure possède encore un assez fort talon, mais elle est complètement dépourvue de denticule interne au second lobe. Le dernier lobe de la carnassière supérieure a déjà pris un grand développement et les os des membres ressemblent à ceux de l'Hyène tachetée. Pourtant la tuberculeuse supérieure est encore très forte. L'un de nous a fait remarquer que, dans l'*Hyæna eximia*, le talon interne de la carnassière supérieure est placé moins en avant. C'est un caractère qui se retrouve sur la carnassière de lait des Hyènes tachetées vivantes ou fossiles.

Il n'est guère douteux que l'*Hyæna eximia* ne soit la forme ancestrale des Hyènes pliocènes du centre de la France et de l'Italie, auxquelles on a donné le nom d'*Hyæna Perrieri* et d'*Hyæna brevirostris* (1). Celles-ci n'ont pas eu à se modifier énormément pour donner naissance à l'Hyène des cavernes et à l'Hyène tachetée actuelle.

Nous sommes en présence d'une série de formes graduellement échelonnées dans le temps et il est impossible d'échapper à l'idée qu'elles dérivent les unes des autres.

(1) Cette espèce, déjà connue par des diagnoses très explicites, a fait l'objet de la part d'un de nous d'une description détaillée (*Ann. des Sc. nat. Zoologie*, t. XV).

Nous profitons de cette étude de l'Hyène tachetée pour dire un mot de la filiation des deux autres espèces qui vivent comme elle aujourd'hui en Afrique, l'Hyène rayée et l'Hyène brune.

A Pikermi, on trouve, avec l'*Hyæna eximia*, une autre espèce aux caractères primitifs, l'*Hyæna Chæretis*. Cette dernière peut être considérée comme l'ancêtre de l'*Hyæna striata* actuelle, dont elle ne diffère que par la présence d'une première prémolaire à la mâchoire inférieure et par ses dents qui ne sont pas encore épaissies.

L'*Hyæna striata* se trouve, à l'état fossile, dans les cavernes du midi de la France où elle a été signalée et décrite sous le nom d'*Hyæna prisca*. M. Delgado a trouvé, dans la grotte de Furninha, à Péniche, une Hyène qui ne diffère de l'Hyène rayée que par une taille plus considérable. Le savant Directeur du Service géologique du Portugal a donné à l'un de nous des photographies des Hyènes de Furninha. Une des mandibules rapportées à l'*Hyæna striata* montre, en arrière de la carnassière, un alvéole pour une petite tuberculeuse. Au lieu d'établir une espèce nouvelle sur cette pièce, nous préférons la rapporter à l'Hyène rayée et considérer la présence de la tuberculeuse comme un phénomène atavique confirmant l'étroite parenté de l'Hyène rayée avec les ancêtres primitifs des Hyènes. Il est possible que l'*Hyæna Chæretis* ait eu, ainsi que les *Hyænictis*, cette petite tuberculeuse. Les mandibules que nous avons sont brisées tout près de la carnassière.

Une troisième lignée aboutit à l'Hyène brune (*Hyæna fusca*) actuelle. L'Hyène brune forme la transition entre l'Hyène rayée et l'Hyène tachetée. Elle diffère de l'Hyène rayée parce que la carnassière inférieure a le denticule interne de son second lobe beaucoup moins développé ou même absent et aussi parce que ses prémolaires sont plus épaisses.

L'*Hyæna arvernensis* du pliocène d'Auvergne peut être regardée comme une ancêtre de l'Hyène brune ayant conservé quelques caractères du type primitif. La carnassière inférieure de l'*Hyæna arvernensis* d'Auvergne ressemble tout à fait à celle de l'Hyène brune ; elle s'éloigne de la carnassière de l'Hyène rayée par une longueur beaucoup plus considérable ; ainsi que dans l'Hyène brune, le talon est plus réduit ; le denticule interne du second lobe est également moins développé. Mais, comme dans l'Hyène rayée, les denticules antérieur et postérieur des prémolaires sont encore très développés et la première prémolaire a une longueur relativement considérable. Par sa dentition supérieure, l'*Hyæna arvernensis* d'Auvergne tient le milieu entre l'Hyène rayée et l'Hyène brune.

M. Depéret a montré (1) que l'Hyène de Perpignan, à laquelle il a pourtant conservé le nom d'*Hyæna arvernensis*, et qui appartient à un niveau géologique un peu plus ancien que le fossile d'Auvergne, présente des caractères la rapprochant davantage de l'Hyène rayée (2). Ainsi l'*Hyæna arvernensis* doit être conservée comme espèce distincte, contrairement aux doutes exprimés par divers auteurs (3), car elle marque un cran dans l'évolution du genre *Hyæna*. Quoique très proche parente de l'*Hyæna striata*, elle s'achemine pourtant vers l'*Hyæna fusca* et il s'en faut de bien peu que l'Hyène pliocène d'Auvergne ne soit l'Hyène brune actuelle.

Ce dernier pas est franchi à l'époque quaternaire : dans les cavernes du midi de la France, on a signalé depuis long-

---

(1) *Mémoires de la Société géologique de France. Paléontologie,* t. II, 1891.

(2) L'*Hyæna arvernensis* d'Auvergne est dépourvue de bourrelet basal à sa carnassière supérieure ; la forme de Perpignan présente, au contraire, ce bourrelet aussi développé que dans l'Hyène rayée. Nous écrivons ces considérations en ayant sous les yeux les pièces originales de la collection Croizet et Jobert.

(3) On pourra consulter à ce sujet les travaux de MM. Forsyth Major et Lydekker.

temps la présence d'une forme identique à l'Hyène brune, et à laquelle Marcel de Serres et de Christol ont successivement donné les noms d'*Hyæna intermedia* et d'*Hyæna monspessulana*.

Plusieurs espèces trouvées dans les Siwalik ont été décrites par Falconer, Bose, M. Lydekker; elles présentent, suivant ces savants auteurs, des rapports analogues avec les Hyènes actuelles. Nous n'avons cru devoir parler ici que des fossiles dont nous connaissons les pièces originales.

Le tableau suivant résume les affinités des Hyènes telles que nous venons de les exposer. Il est assez différent du tableau publié par M. Schlosser (1).

TEMPS ACTUELS.   *Hyæna crocuta*   *Hyæna fusca.*   *Hyæna striata.*
                  d'Afrique.

QUATERNAIRE.   *Hyæna crocuta*   *Hyæna fusca*   *Hyæna striata*
                  race *spelæa.*   (dite *intermedia*).   (dite *prisca*).

                  Hyæna   *Hyæna arvernensis*
                  brevirostris.   d'Auvergne.

PLIOCÈNE.   *Hyæna Perrieri.*
                                           Hyæna arvernensis
                                           de Perpignan.

                  Hyæna eximia.   *Hyæna Chœretis.*

MIOCÈNE SUPÉRIEUR.   Forme *Hyænictis.*

                                 Forme *Ictitherium.*

(1) MAX SCHLOSSER. Die Affen, Lemuren, Chiropteren, Insectivoren, Marsupialer, Creodonten und Carnivoren des Europäischen Tertiärs. III Theil, p. 29, 1890.

LE LOUP DES CAVERNES

(*CANIS LUPUS*, Lin.)

Les Oubliettes de Gargas ont fourni non seulement le squelette presque complet de la galerie du Muséum, mais encore d'autres débris, parmi lesquels deux crânes très intacts, actuellement dans la collection de M. Regnault, à Toulouse.

Quand on compare ces fossiles avec les squelettes de Loups actuels que possède le Muséum de Paris, on ne peut trouver de différences spécifiques, ni même de différences de races. Les particularités qu'une analyse minutieuse peut faire découvrir sur un crâne ne se retrouvent plus sur un autre crâne du même gisement et ces particularités ne sortent pas des limites des variations individuelles chez les Loups vivants.

Le crâne de notre squelette a une forme allongée, les arcades zygomatiques sont relativement peu écartées; la crête sagittale est bien dessinée. Par ces caractères, l'animal de Gargas paraît tout d'abord différer quelque peu de la plupart des Loups actuels. Mais, tandis que l'un des crânes de M. Regnault offre ce même aspect, un autre crâne est remarquable par des caractères tout à fait opposés; sa face raccourcie, son palais plus large, lui donnent un aspect féroce; en même temps sa boîte cérébrale est plus volumineuse et la crête sagittale est effacée. On trouverait des différences analogues en comparant un certain nombre de crânes de Loups actuels.

Par la courbure fronto-nasale et par le grand développement des bulles auditives, les animaux de Gargas ressemblent aux formes vivantes. On ne peut non plus relever aucune différence dans les lignes de suture des os et les trous du crâne.

Dans les Loups actuels, tantôt les dents sont légèrement espacées et tantôt elles sont très serrées les unes contre les autres, suivant que la face est plus ou moins allongée. Ces deux dispositions se retrouvent sur les crânes de Gargas. Celui du Muséum a les dents espacées : sur l'exemplaire à museau raccourci de M. Regnault, les molaires, ne pouvant se développer sur une longueur aussi considérable, se sont serrées obliquement les unes contre les autres et affectent une disposition imbriquée.

Sur le crâne du squelette complet les dents sont un peu moins épaisses que sur l'un des crânes de la collection de M. Regnault, où la carnassière supérieure atteint une longueur de 27 millimètres. Les denticules secondaires des prémolaires sont plus ou moins développés. Nous nous sommes assurés que de pareilles différences s'observent sur des individus actuels.

Dans tous les cas, la dentition de nos fossiles, comme celle des Loups vivants d'Europe, s'écarte de celle des Chiens domestiques par les rapports de longueur des carnassières et des tuberculeuses. Ce caractère, tour à tour préconisé et critiqué par les auteurs, est, à notre avis, le seul que la science possède pour distinguer, avec quelque sûreté, les deux espèces au point de vue ostéologique.

Pour nous rendre compte de sa valeur, nous avons pris des mesures sur plus de 60 crânes de Loups et de Chiens de diverses races. Après avoir calculé le rapport existant, pour chaque individu, entre la longueur de la carnassière supérieure et la longueur totale des deux tuberculeuses, nous avons dressé un tableau de tous les crânes d'après la valeur de ces rapports, à partir des plus élevés.

Les Loups d'Europe et les Loups quaternaires tiennent la tête de ce tableau. Chez eux, la longueur de la carnassière est supérieure ou tout au moins égale à la longueur totale des tuberculeuses. Chez les Chiens domestiques, la longueur de la carnassière est, dans presque tous les cas, inférieure ou tout au plus égale à la longueur des deux tuberculeuses. Il y a quelques exceptions à cette règle, mais elles ne sont pas très nombreuses et elles s'expliquent jusqu'à un certain point par certaines considérations. Par exemple, les Chiens de la Nouvelle-Hollande appelés Dingos et les Chiens des Esquimaux se rapprochent des Loups par la longueur de leur carnassière qui atteint souvent la longueur des tuberculeuses, mais il faut se rappeler que le Dingo a été regardé par les auteurs comme une espèce à part et que, d'après Mivart, les Esquimaux marient leurs Chiens aux Loups pour accroître leur force et leur courage. D'un autre côté nous voyons certains Loups de l'Inde et le Loup des prairies, appelé *Canis latrans*, se rapprocher des vrais Chiens par leur dentition. Mais le Loup de l'Inde est regardé par beaucoup d'auteurs comme une espèce différente du Loup d'Europe; quant au *Canis latrans*, sa distinction spécifique n'est mise en doute par personne.

Les collections de paléontologie du Muséum de Paris possèdent un grand nombre de débris de Loups quaternaires de provenances très variées. Nous avons comparé, au squelette de Gargas, des pièces provenant de Gaylenreuth, de Menchecourt, d'Auvergne, de la Charente, de la Dordogne, de l'Herm, de Santenay, de Reilhac, de Malarnaud, etc. Les caractères de tous ces fossiles sont très uniformes. Ils semblent indiquer que la taille moyenne des Loups quaternaires était sensiblement plus élevée que la taille des Loups actuels (1).

(1) A ce point de vue, on peut signaler la présence, dans les collections du Muséum, d'une mandibule de Loup de grosseur extraordinaire et provenant de la caverne de Gaylenreuth. La carnassière mesure 31 millimètres de longueur. Il est intéressant de

En résumé, il est impossible de distinguer, même à titre de races, les Loups quaternaires des Loups qui vivent encore dans nos pays. C'est bien à tort qu'on a appliqué aux Loups fossiles diverses dénominations : *Canis spelæus*, Goldf., *Lupus spelæus*, Blain., *Canis juvillaceus*, Brav., etc.

Il apparaît donc très clairement que les Loups actuels sont les descendants directs des Loups quaternaires. Nous avons également quelques données sur les ancêtres de ces derniers.

La famille des Canidés est très ancienne. A l'époque oligocène, nous la trouvons représentée en Europe par les deux genres *Amphicyon* et *Cynodictis*, qui étaient aussi riches en espèces que le genre *Canis* actuel, mais qui n'étaient pas encore de vrais Chiens.

Il y a ensuite de grandes lacunes dans nos connaissances. Nous ne connaissons, dans le Miocène supérieur, qu'un seul Canidé : c'est le *Canis palustris*, Meyer, d'Œningen, sorte de renard ayant conservé des affinités avec les *Cynodictis* oligocènes.

Il faut arriver au Pliocène moyen et au Pliocène supérieur pour trouver de nouveaux Chiens. M. Forsyth Major (1) a décrit, du Val d'Arno, le *Canis etruscus* et le *Canis Falconeri*, qui ressemblent beaucoup à des Loups de taille un peu inférieure à la moyenne.

L'un de nous (2) a montré que, dès le Pliocène moyen, les

___

constater qu'à l'époque quaternaire tous les animaux avaient des proportions plus robustes que leurs descendants d'aujourd'hui.

(1) FORSYTH MAJOR. Considerazioni sulla fauna dei Mammiferi plioceni et post plioceni della Toscana (Ext. *Atti della Societa Toscana di Scienze naturali*, vol. I et III, 1877).

(2) MARCELLIN BOULE. Les Prédécesseurs de nos Canidés (*Comptes rendus de l'Acad. des sciences*, 28 janvier 1889). — Description géologique du Velay (Bull. du service de la Carte géolog. de la France. n° 28, 1892).

principales formes de Canidés actuels étaient déjà représentées dans notre pays. On a trouvé dans divers gisements du Plateau central de la France un certain nombre de débris de Canidés. Les uns se rapprochent beaucoup du *Canis etruscus* du Val d'Arno. D'autres, comme le *Canis Neschersensis*, rappellent les chacals actuels. Quelques mandibules présentent tous les caractères des mandibules de certaines races de Chiens domestiques. Enfin, il en est qui sont des proches parents des Renards. Tel est le *Canis megamastoides* de Perrier (Puy-de-Dôme) (1), tel est aussi le fossile de Perpignan décrit par M. Depéret sous le nom de *Vulpes Donnezani* (2).

Ainsi, ces mêmes types qui, aujourd'hui, s'étendent sur de grands espaces vivaient déjà dans nos pays à l'époque pliocène. Ce fait nous paraît jeter quelques lueurs sur ce problème si difficile et tant discuté de l'origine des Chiens domestiques.

Plusieurs auteurs ont regardé le Loup comme la souche des Chiens domestiques. Il faut d'abord observer qu'au point de vue anatomique, les Chiens s'écartent des Loups par des caractères qui les rapprochent davantage des formes primitives des Canidés. Celles-ci, en effet, sont remarquables par la petitesse des carnassières et par le grand développement des tuberculeuses qui, d'abord au nombre de trois, se réduisent ensuite à deux, lesquelles conservent encore longtemps une longueur considérable. Le type Loup et surtout le type *Cuon*, qui n'a plus qu'une prémolaire à la mâchoire inférieure, sont donc plus éloignés des formes primitives que tous les autres Canidés actuels. Vouloir que les Loups aient donné naissance aux Chiens, c'est aller à l'encontre de la marche normale de l'évolution.

M. Nehring a déclaré que, par l'emprisonnement et le chan-

(1) Marcellin Boule. *Bull. de la Soc. géol. de France*, 3ᵉ série, t. XVII, p. 321.
(2) *Mémoires de la Soc. géol. de France. Paléontologie*, t. I, 1890.

gement de nourriture, les Loups prenaient certains caractères
des Chiens, notamment au point de vue de la diminution de la
carnassière. Sur les crânes des individus morts à la ménagerie
du Muséum de Paris, nous n'avons pas constaté de pareils
changements. M. Nehring est un trop habile observateur pour
que nous puissions mettre en doute ces remarques. Mais sans
doute les hommes ne sont pas intervenus pour les changements
des Loups en Chiens à l'époque tertiaire.

Autrefois on ne connaissait pas de vrais Chiens dans les
terrains antérieurs au quaternaire. Il était donc naturel que les
zoologistes cherchassent parmi les Canidés actuels les ancêtres
de nos Chiens domestiques et qu'ils voulussent faire dériver
ces derniers des Loups ou des Chacals vivant encore actuellement.

Mais puisque aujourd'hui nous savons qu'à l'époque tertiaire
des Canidés, ressemblant à certaines variétés de Chiens domestiques, vivaient en compagnie d'autres Canidés ressemblant
aux Loups, il est plus simple d'établir des liens de parenté
entre les Chiens fossiles et les Chiens actuels qu'entre ceux-ci
et les Loups.

Quand on étudie la belle monographie de M. Mivart, on est
frappé de voir que, parmi les Canidés sauvages, ce sont ceux
à petites carnassières et à grandes tuberculeuses qui s'appri-
voisent le plus facilement ou sont susceptibles de vivre en
domesticité, tels le *Canis jubatus*, le *Canis cancrivorus*, le
Canis Azaræ de l'Amérique du Sud, le *Canis bengalensis* de
l'Inde, etc.

Le *Canis dingo* d'Australie, qui a des carnassières plus
développées, garde, même domestiqué, un caractère farouche
et sauvage.

Enfin les *Cuon*, qui sont les Canidés les plus féroces et les plus rebelles à toutes relations avec l'homme, sont aussi ceux qui ont les tuberculeuses les plus réduites.

Il est donc naturel d'admettre que, parmi les espèces sauvages qui l'entouraient, l'homme ait choisi pour les domestiquer celles qui lui paraissaient les plus sociables, c'est-à-dire les espèces à grandes tuberculeuses que nous savons avoir existé dans nos pays pendant les temps géologiques. Les diverses races de Chiens domestiques dériveraient donc, d'après nous, d'un certain nombre de formes fossiles ayant eu des caractères de Chiens et non pas des caractères de Loups,

EXPLICATION DES FIGURES

Planche XX.

Squelette d'*Ursus spelæus*, var. *minor*, des Oubliettes de Gargas; 1/8 environ de la grandeur naturelle. Collection du Muséum d'histoire naturelle de Paris.

Planche XXI.

Toutes les figures sont de grandeur naturelle.

Fig. 1. — Dentition supérieure de l'*Hemicyon Sansaniensis*, Lartet.

Fig. 2. — Dentition supérieure d'*Hyænarctos palæindicus*, Lyd.

Fig. 3. — Dentition supérieure de l'*Ursus arvernensis*, Cr. et Job., de Perrier.

Fig. 4. — Dentition supérieure de l'*Ursus arctos*, Lin.

Fig. 5. — Dentition supérieure de l'*Ursus spelæus*, Blum., var. *minor* (du squelette figuré, pl. XX).

Pour toutes ces figures : C, canine; 1 *p.*, première prémolaire; 2 *p.*, deuxième prémolaire; 3 *p.*, troisième prémolaire; Ca. carnassière; 1 *t.*, première tuberculeuse; 2 *t.*, deuxième tuberculeuse.

Planche XXII.

Les figures 1, 3, 4, 5, de grandeur naturelle. La figure 2 réduite de 1/5ᵉ environ.

Fig. 1. — Dentition inférieure de l'*Hemicyon Sansaniensis*, Lart.

Fig. 2. — Dentition inférieure de l'*Hyænarctos punjabiensis*, Lyd.

Fig. 3. — Dentition inférieure de l'*Ursus arvernensis*, Cr. et Job., de Perrier.

Fig. 4. — Dentition inférieure de l'*Ursus arctos*, Lin.

Fig. 5. — Dentition inférieure de l'*Ursus spelæus*, var. *minor* (du squelette figuré pl. XX).

Pour toutes ces figures : C, canine; 1 *p.*, première prémolaire; 2 *p.*, deuxième prémolaire; 3 *p.*, troisième prémolaire; 4 *p.*, quatrième prémolaire; Ca, carnassière; 1 *t.*, première tuberculeuse; 2 *t.*, deuxième tuberculeuse.

Planche XXIII.

Squelette d'*Hyæna crocuta*, Erxl. race *spelæa*, des Oubliettes de Gargas, au 1/6ᵉ environ de la grandeur naturelle. Collection du Muséum.

Planche XXIV.

Squelette de *Canis lupus*, Lin., des Oubliettes de Gargas, au 1/5ᵉ environ de la grandeur naturelle. Collection du Muséum.

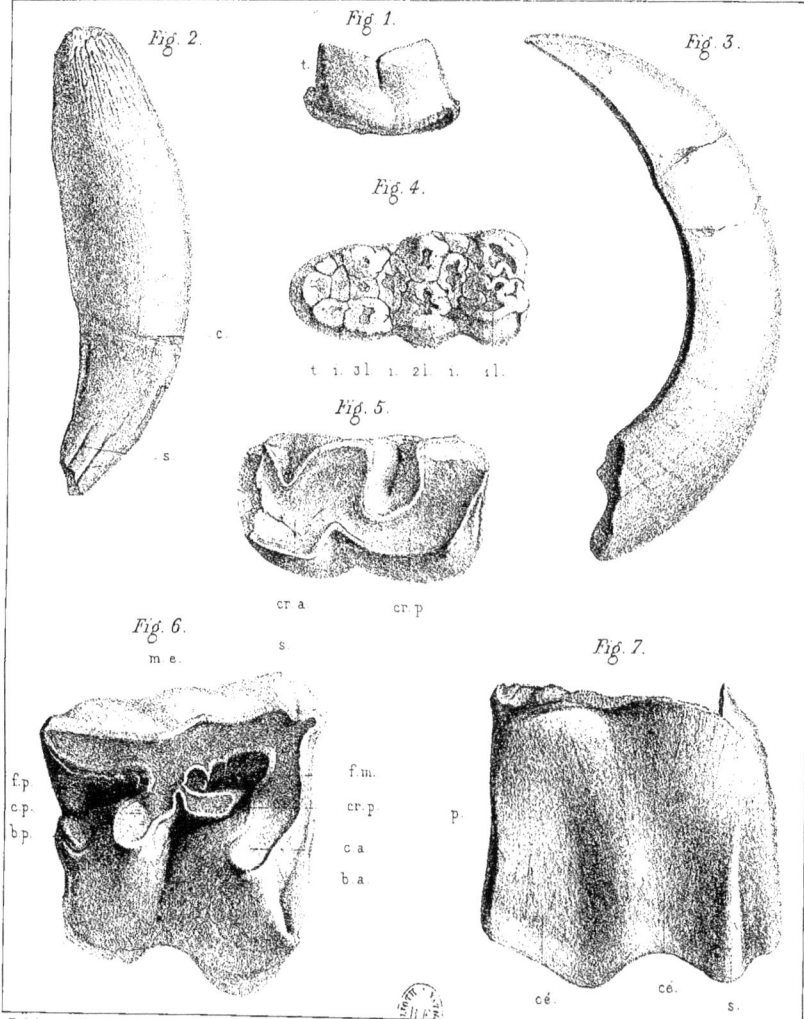

Fig. 2.

Fig. 1.

t.

Fig. 3.

Fig. 4.

c.

s.

t. ı. 3l. ı. 2l. ı. ıl.

Fig. 5.

cr. a   cr. p

Fig. 6.

m e.   s.

Fig. 7.

f. p.   f. m.
c. p.   cr. p
b. p.
            c. a   p.
            b. a

cé.   cé.   s.

Delahaye del.

Imp. Becquet. Paris.

Fig. 1. Hyæna crocuta (race spelæa). — Fig. 2. Felis leo (race actuelle).
Fig. 3, 4. Sus scropha (race ancienne). — Fig. 5, 6, 7. Rhinoceros Merckiir.

Grandeur naturelle.

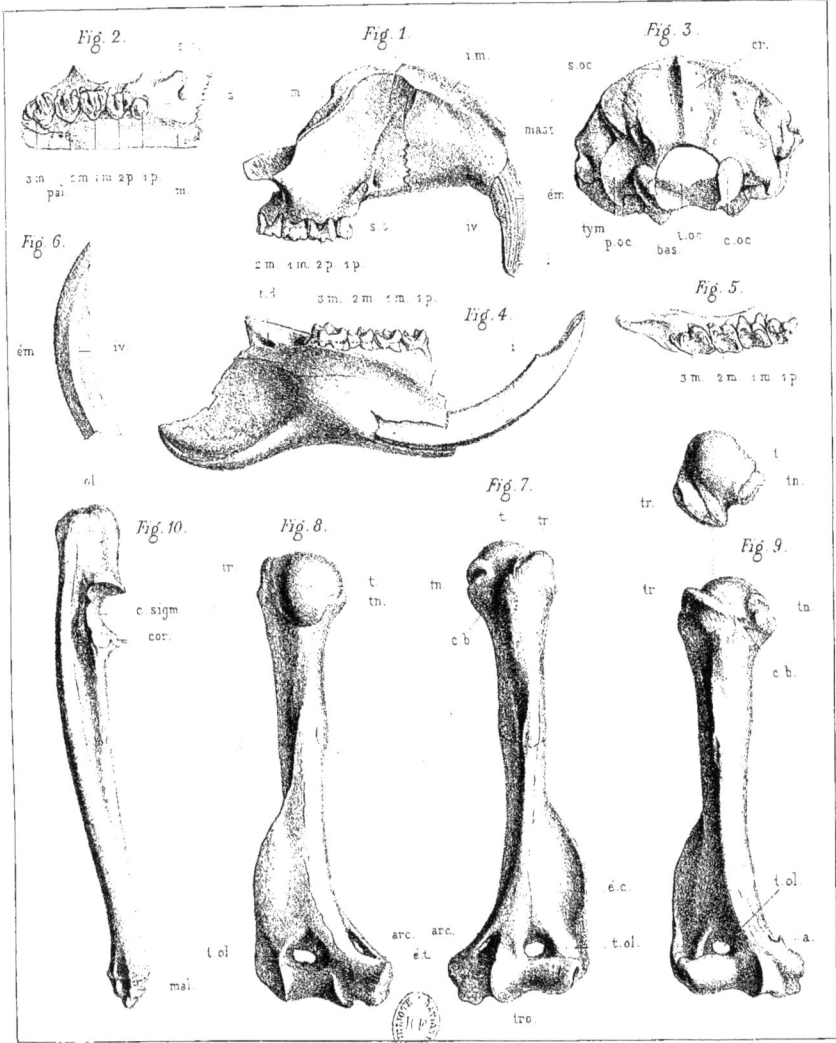

Fig. 2. Fig. 1. Fig. 3.

Fig. 6. Fig. 4. Fig. 5.

Fig. 10. Fig. 8. Fig. 7. Fig. 9.

Delahaye del.

Imp. Becquet, Paris.

Arctomys marmotta (race primigenia).

Grandeur naturelle.

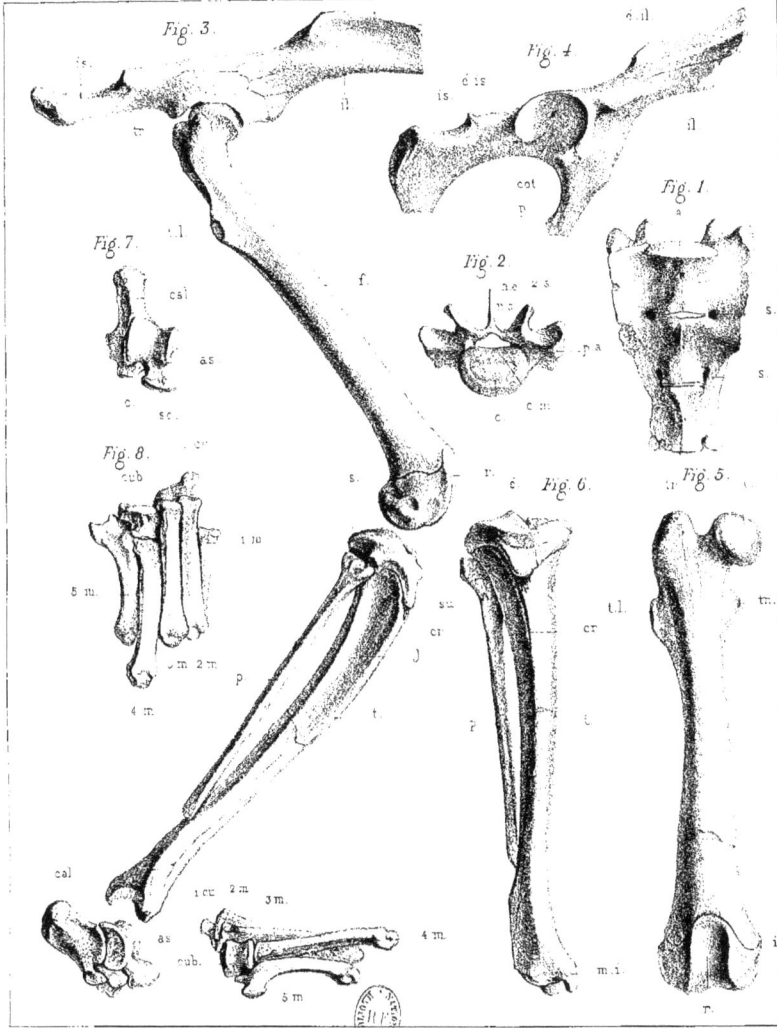

Fig. 3.
Fig. 4.
Fig. 1.
Fig. 7.
Fig. 2.
Fig. 8.
Fig. 6.
Fig. 5.

Delahaye del.

Imp. Becquet, Paris.

Arctomys marmotta (race primigenia).

Grandeur naturelle.

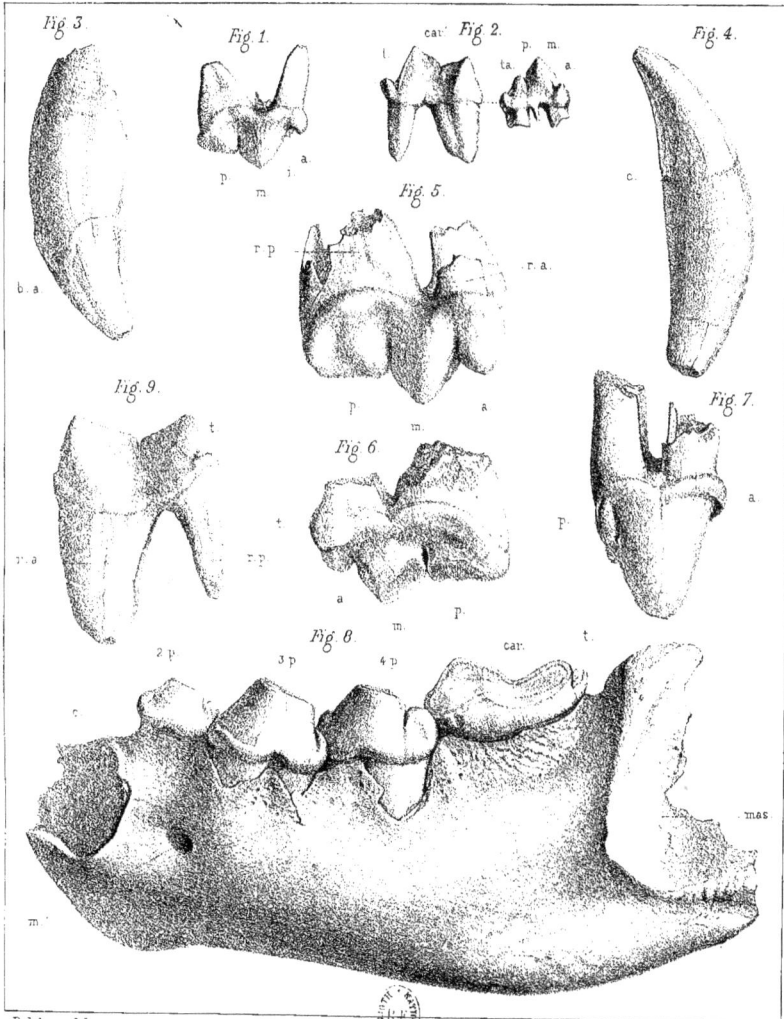

Delahaye del.

Imp. Becquet, Paris.

Hyæna crocuta (race spelæa).

Grandeur naturelle.

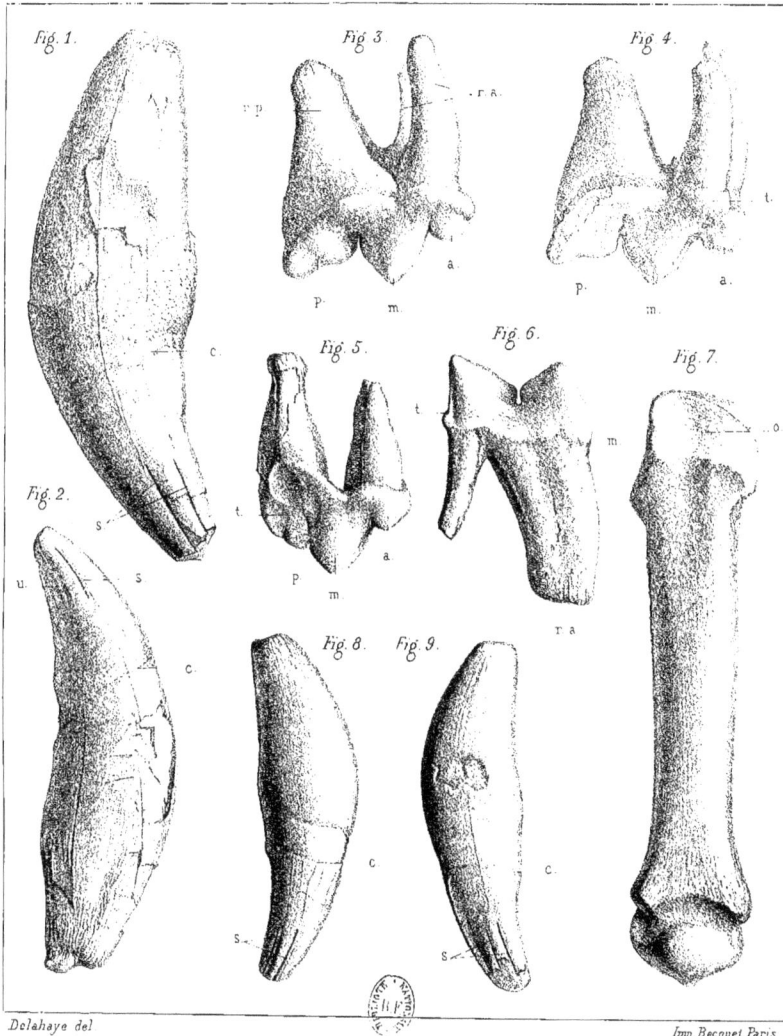

Fig. 1. Fig. 2. Fig. 3. Fig. 4. Fig. 5. Fig. 6. Fig. 7. Fig. 8. Fig. 9.

Delahaye del

Imp. Becquet, Paris.

Fig. 1 à 7. Felis leo (race spelæa et race actuelle).

Fig. 8 9. Felis pardus (race antiqua).

Grandeur naturelle.

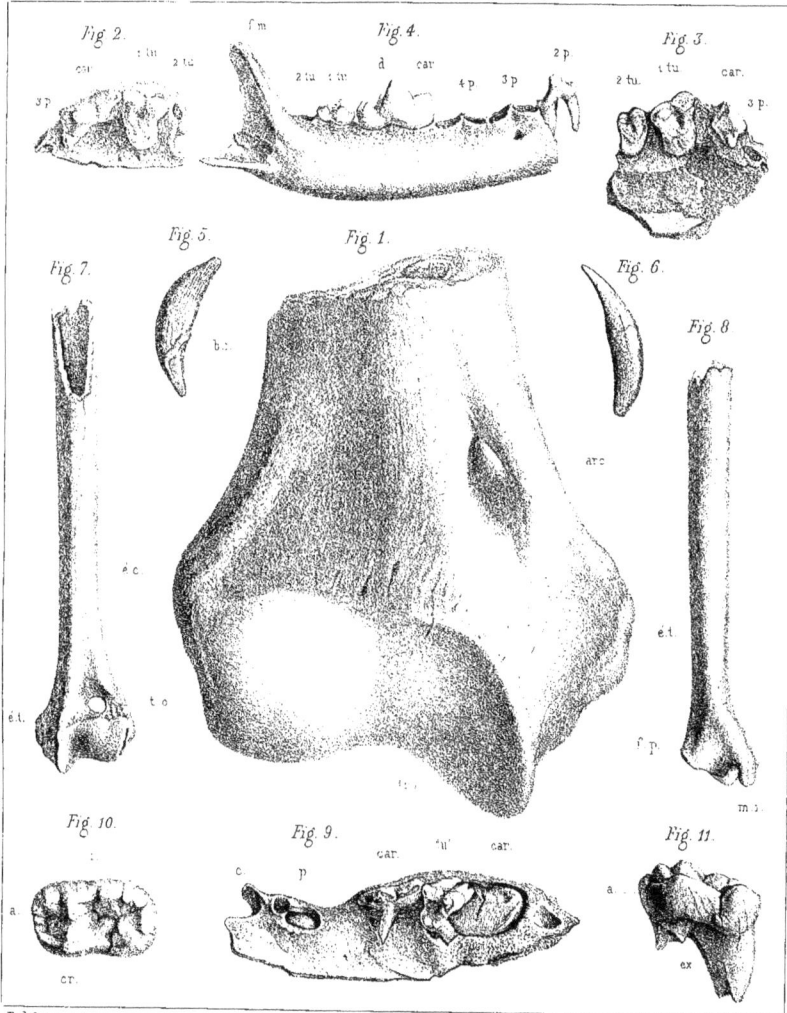

Delahaye del.

Imp. Becquet, Paris.

Fig. 1. Felis leo (race spelæa). _ Fig. 2 _ 8. Canis vulpes.
Fig. 9. Canis lupus. _ Fig. 10. 11. Ursus ferox.

Grandeur naturelle.

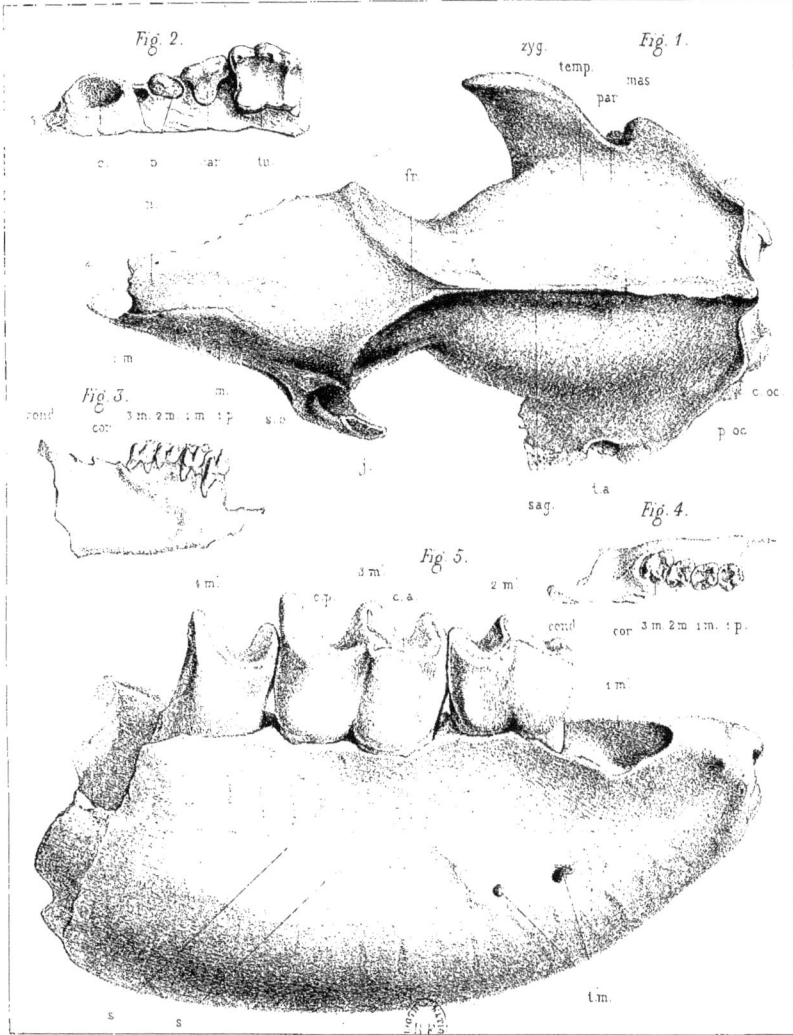

Fig. 2.

Fig. 1.

Fig. 3.

Fig. 5.

Fig. 4.

Delahaye del.

Imp. Becquet Paris.

Fig. 1.2. Meles taxus. _ Fig. 3.4. Arctomys marmotta (race actuelle).
Fig. 5. Jeune Rhinoceros tichorhinus.

Grandeur naturelle.

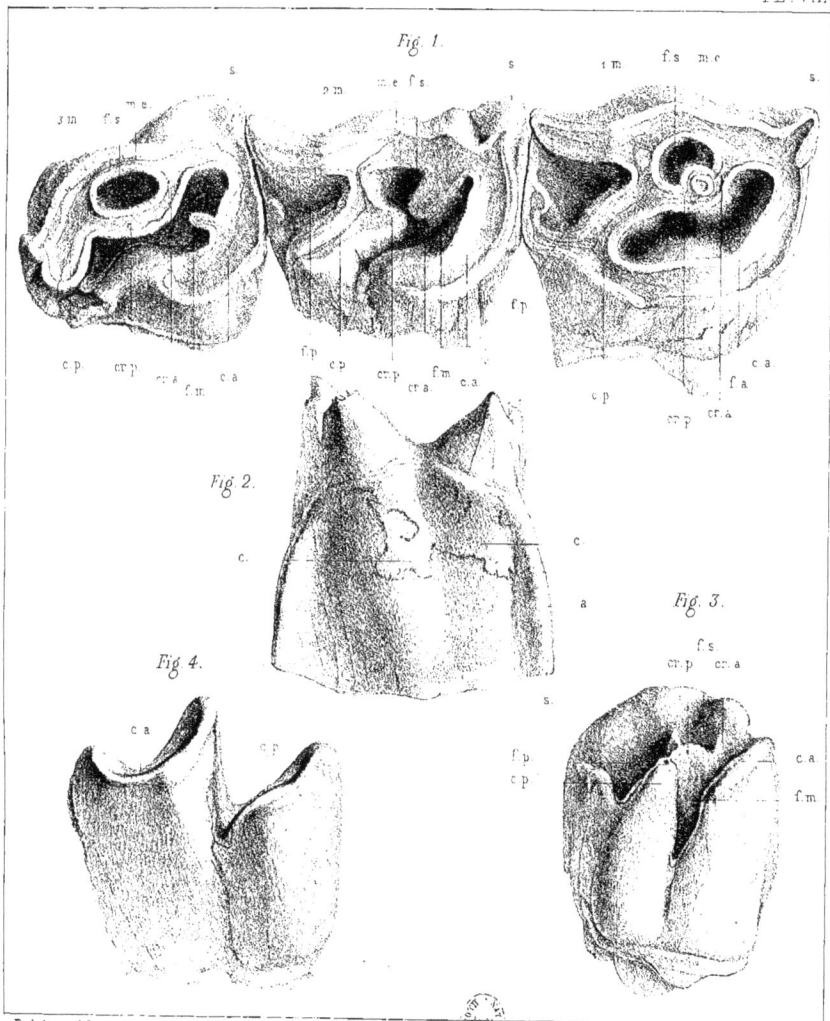

Fig. 1.

Fig. 2.

Fig. 3.

Fig 4.

Delahaye del.

Imp. Becquet, Paris.

Rhinoceros tichorhinus.

Grandeur naturelle.

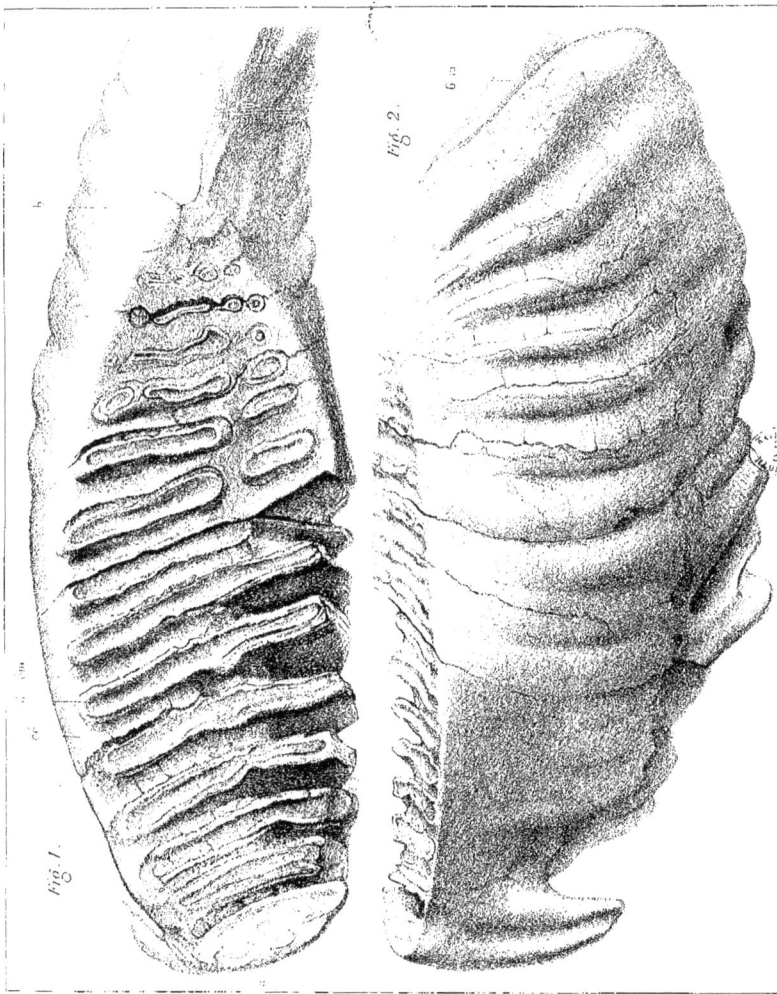

Fig. 1.

Fig. 2.

Delahaye del.

Imp. Becquet, Paris.

Éléphas primigénius (Race à lames écartées)

La figure 1 est aux $\frac{2}{3}$ de la grandeur naturelle ; la figure 2 est aux $\frac{3}{5}$

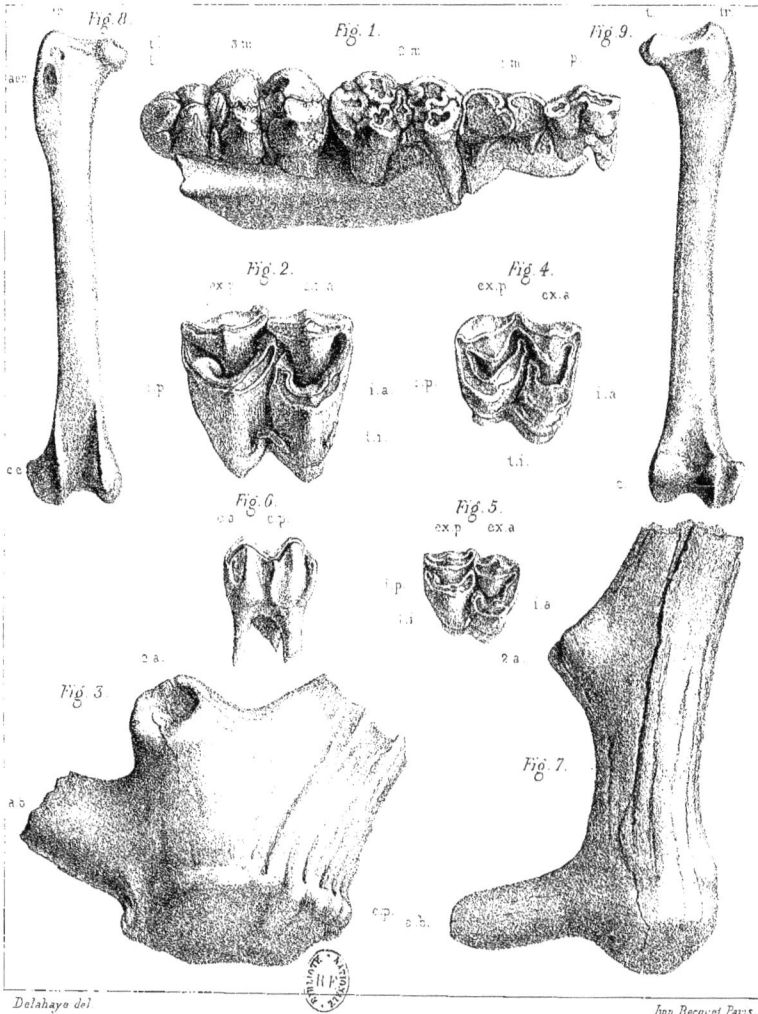

Delahaye del.

Imp Becquet Paris.

Fig. 1. Sus scropha._ Fig. 2, 3. Cervus elaphus (race canadensis).
Fig. 4. Cervus elaphus, (race européenne)._Fig. 5, 6, 7. Cervus tarandus.
Fig. 8, 9. Oiseau de proie.

Les figures 3 et 8 sont à $\frac{1}{2}$ de la gr. nat, les autres figures sont de gr. nat.

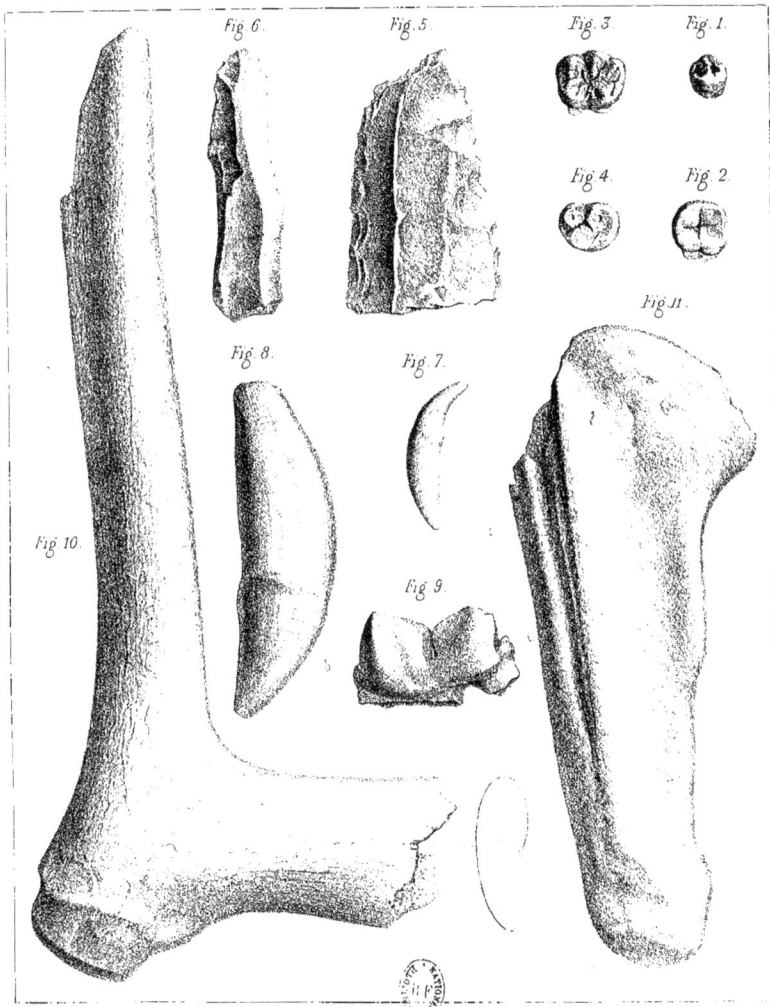

Fig. 6.   *Fig. 5.*   *Fig. 3.*   *Fig. 1.*

Fig. 4.   *Fig. 2.*

Fig. 11.

Fig. 8.   *Fig. 7.*

Fig 10.

Fig. 9.

Delahaye del.

Fig. 1.2.3.4. Dents humaines.—Fig. 5.6. Silex taillés.—Fig 7. Canis lupus.
Fig. 8.9. Hyæna crocuta (race spelæa).—Fig 10.11. Cervus tarandus.

Grandeur naturelle

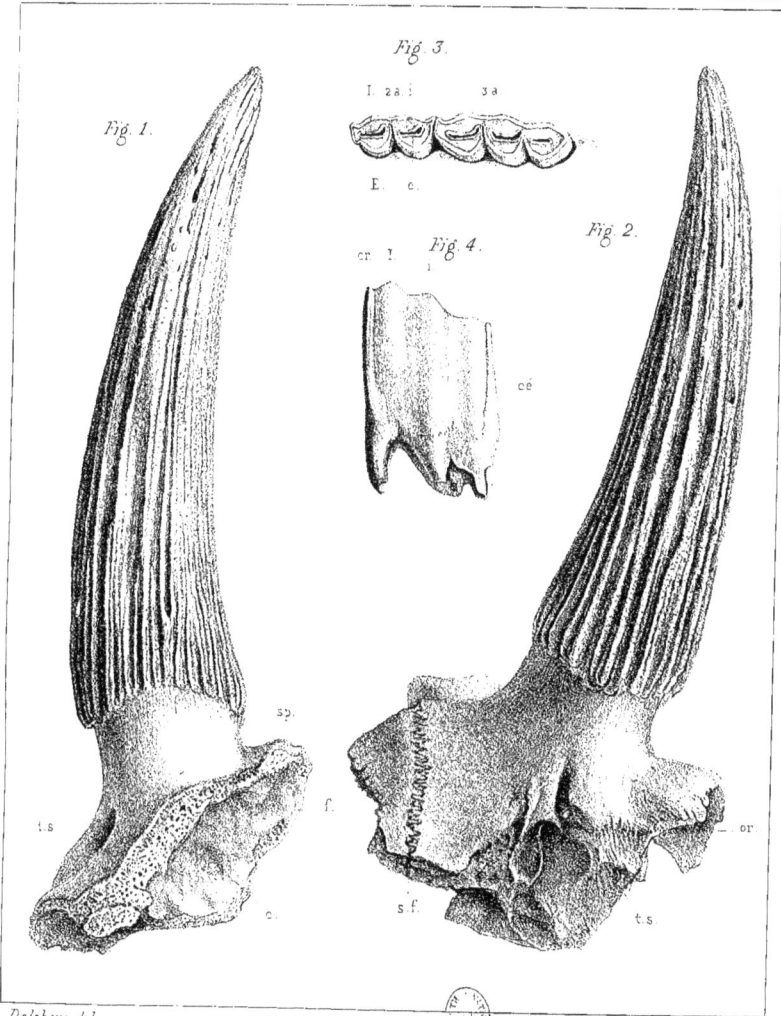

Fig. 3.

Fig. 1.

Fig. 2.

Fig. 4.

Delahaye del.

Imp. Becquet, Paris.

Chevilles de cornes et dents de Saïga tartarica.

Grandeur naturelle.

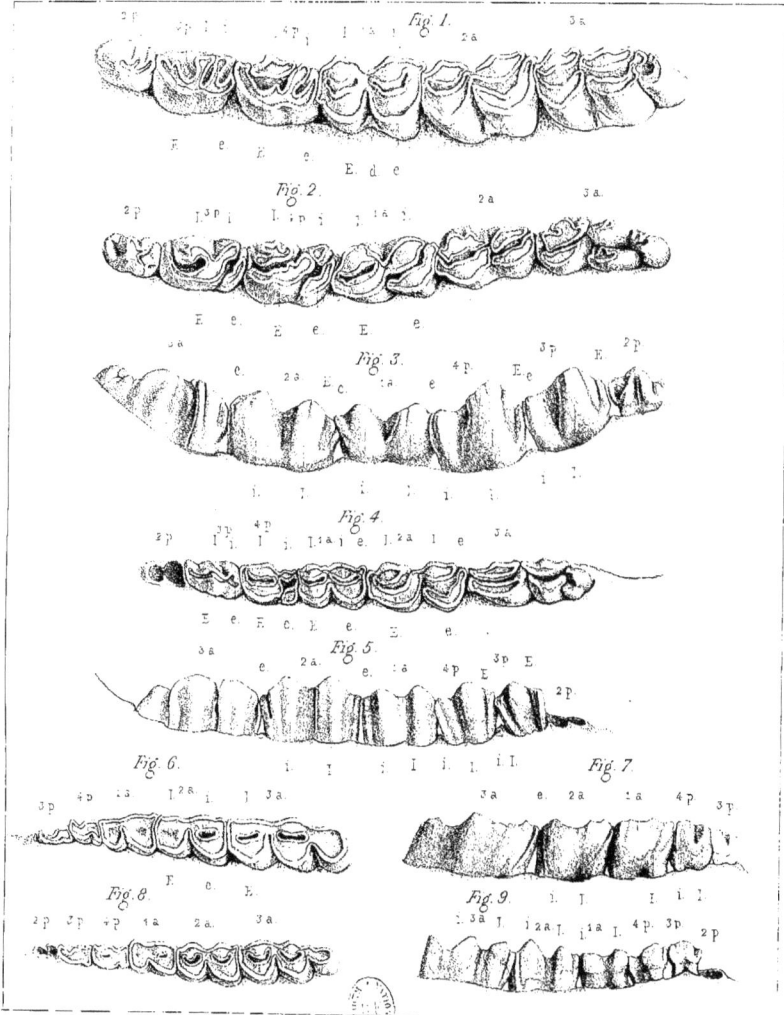

Imp Becquet, Paris.

Fig. 1. Cervus megaceros _ Fig 2.3. Cervus tarandus _ Fig 4.5. Capra ibex.
Fig 6.7. Saiga tartarica _ Fig 8.9. Rupicapra europœa.

La figure 1 est aux ⅔ de grandeur : les autres sont de grandeur naturelle.

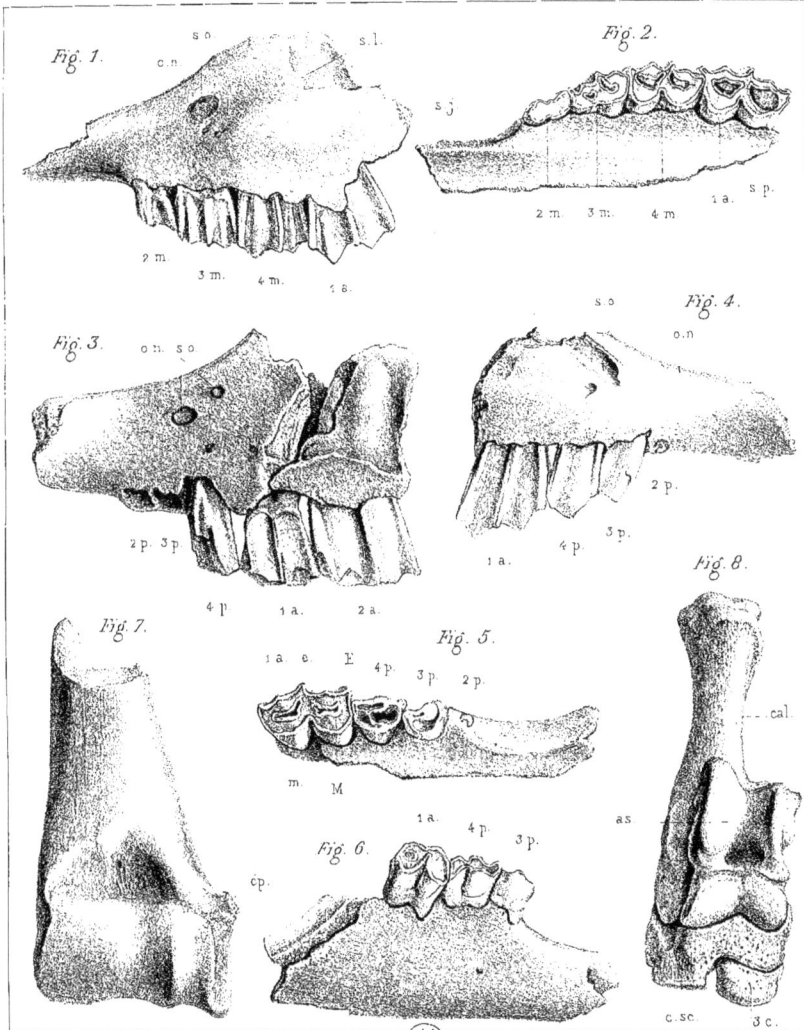

Fig. 1.

Fig. 2.

Fig. 3.

Fig. 4.

Fig. 7.

Fig. 5.

Fig. 6.

Fig. 8.

Delahaye del

Imp Becquet, Paris.

Máchoires et os des membres de Saiga tartarica.

Grandeur naturelle.

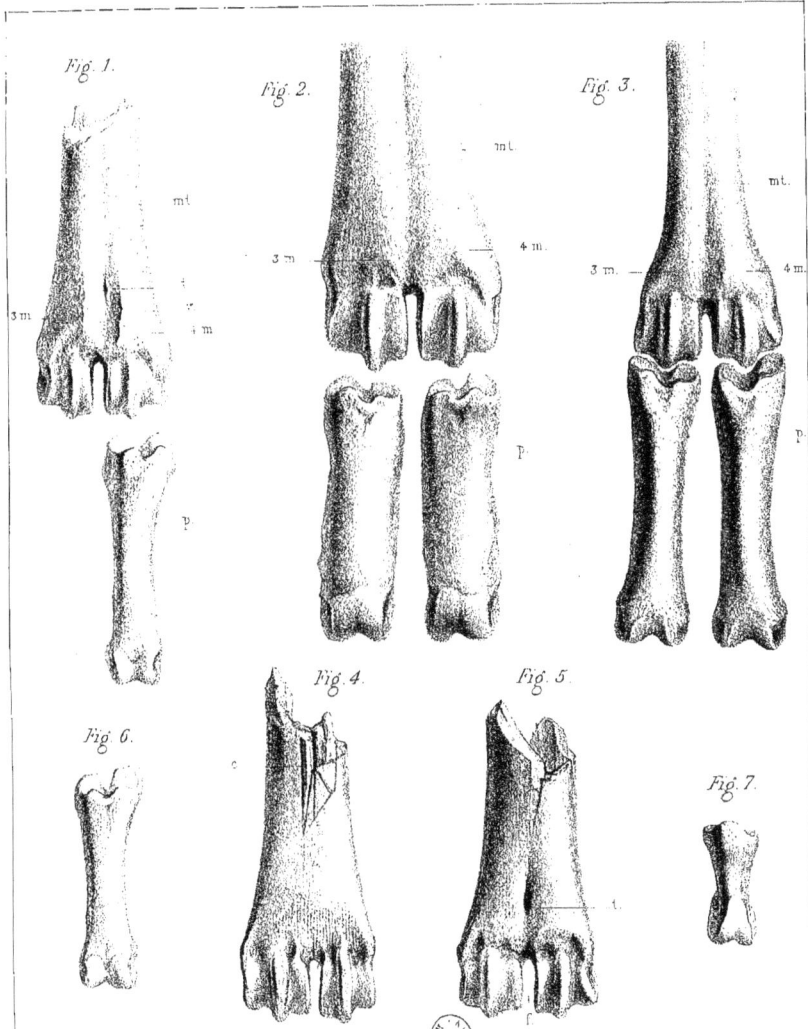

Fig. 1. 4. 5. 6. Saïga tartarica. Fig. 2. Capra ibex. Fig. 3. Rupicapra europœa.

Grandeur naturelle.

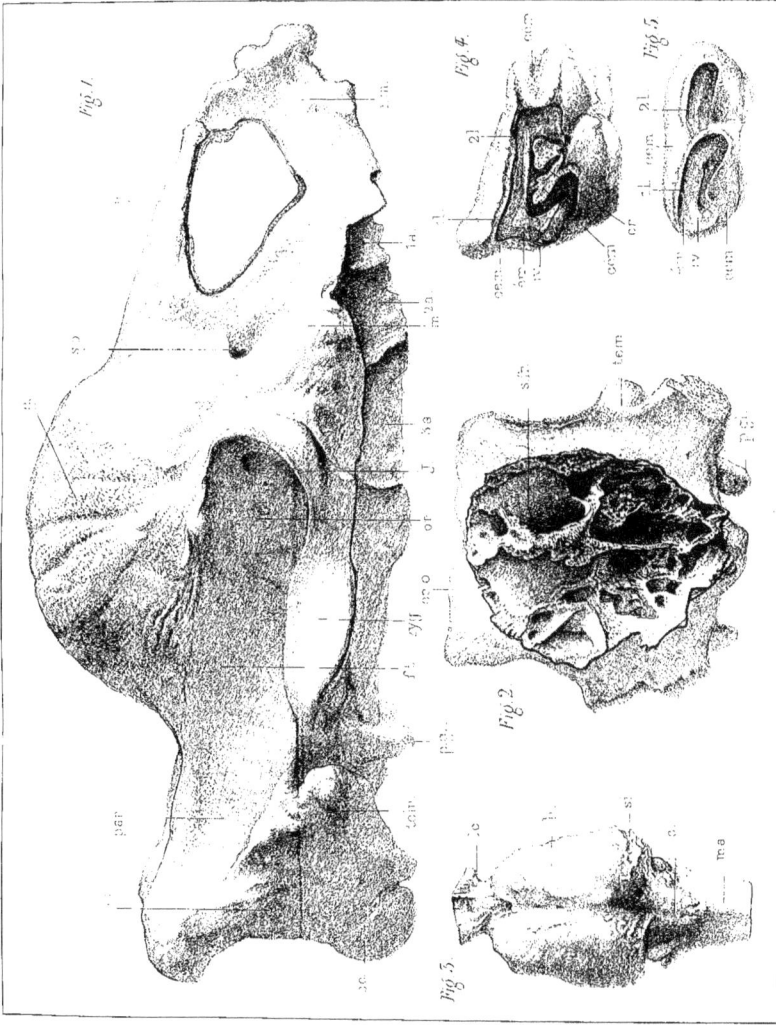

Fig. 1.

Fig. 4.

Fig. 5.

Fig. 2.

Fig. 3.

Drückheys del.

Imp. Becquet R. Paris.

Fig. 1,2,3. Elasmotherium sibiricum, Fisch.

Fig. 4,5. Cadurcotherium Caylux, Gerv.

Les figures 1,2,3. sont au $\frac{1}{3}$ environ de la grand. les figures 4.et.5. sont aux $\frac{2}{3}$

Pl. XVII.

Fig. 1.

Fig. 2.

Fig. 3.

Fig. 4.

Fig. 1 et 3. Rhinoceros tichorhinus, Cuv.
Fig. 2 et 4. Elasmotherium sibiricum, Fisch.

Les figures 1 et 3 sont aux ⅔ de la grandeur, les figures 2 et 4 sont réduites ⅓ environ.

Pl. XVIII.

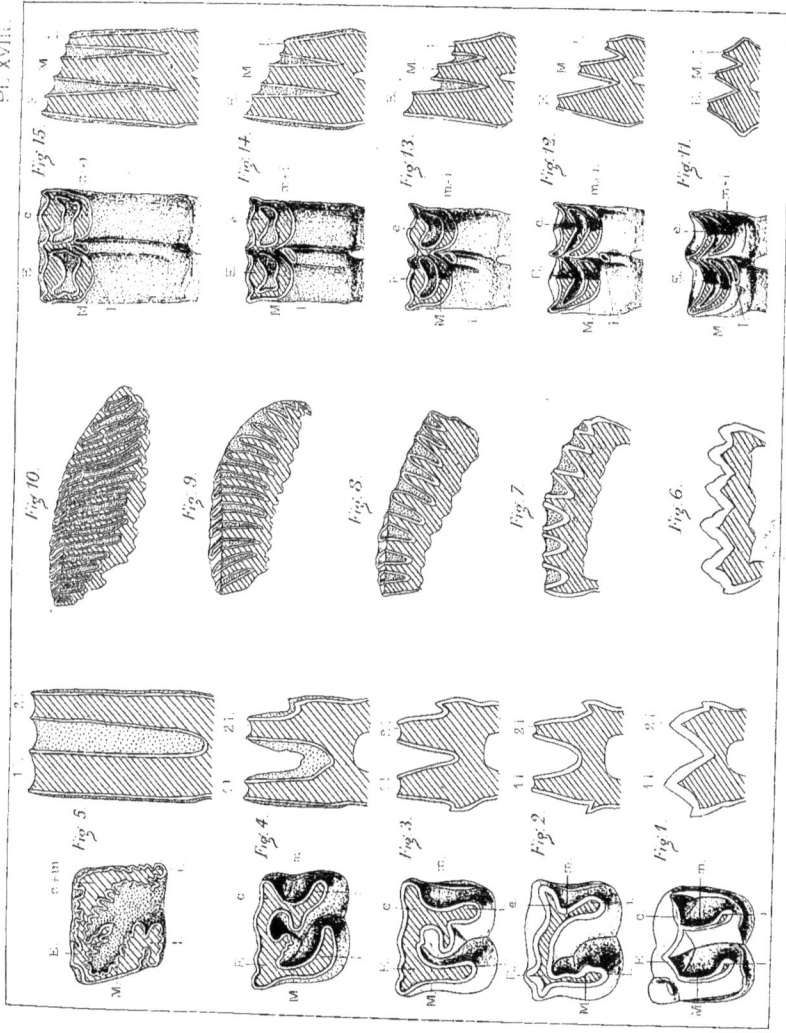

Phototypic A. Quintas & C. Chapins, Paris

Fig. 1 - 5 Schemas de dents de pachydermes
Fig. 6 - 10   id   id   proboscidiens
Fig. 11 - 15 id   id   ruminants

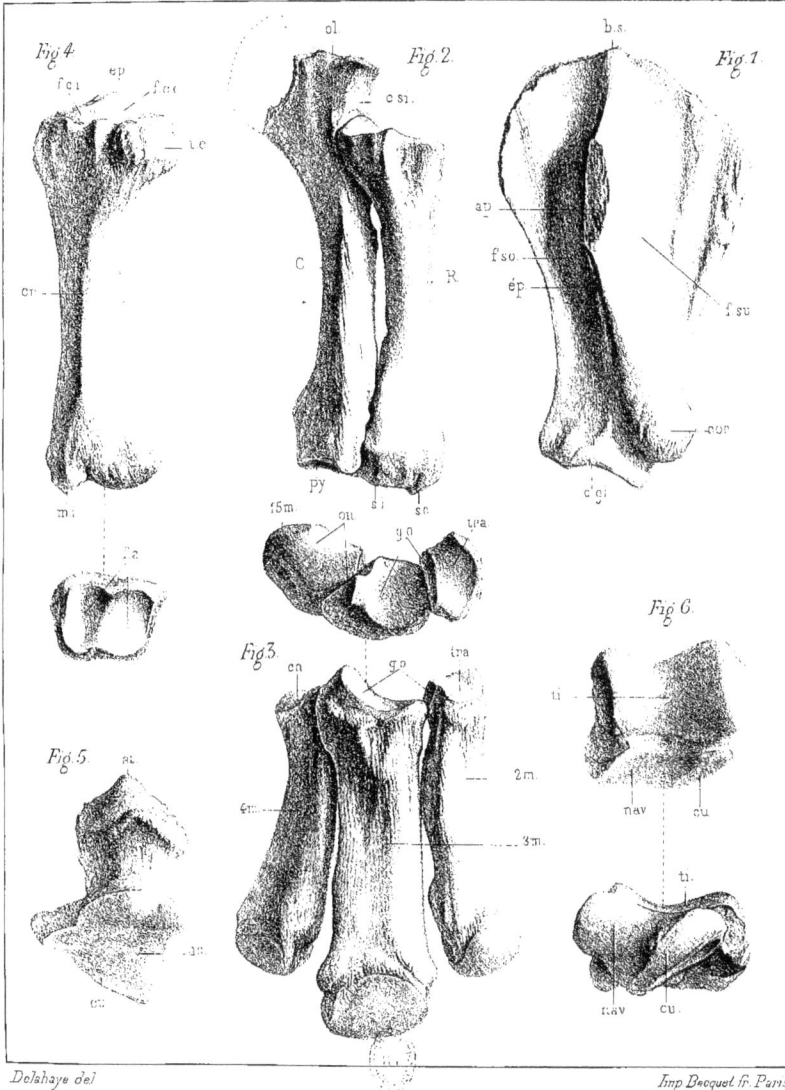

Fig 4.

Fig. 2.

Fig. 1.

Fig 3.

Fig 6.

Fig. 5.

Delahaye del.

Imp. Becquet fr. Paris.

Elasmotherium sibiricum, Fisch.

Les figures 1, 2, 4 sont au $\frac{2}{7}$ de la gr nat, les figures 3, 5, 6 sont au $\frac{1}{4}$

PL. XX.

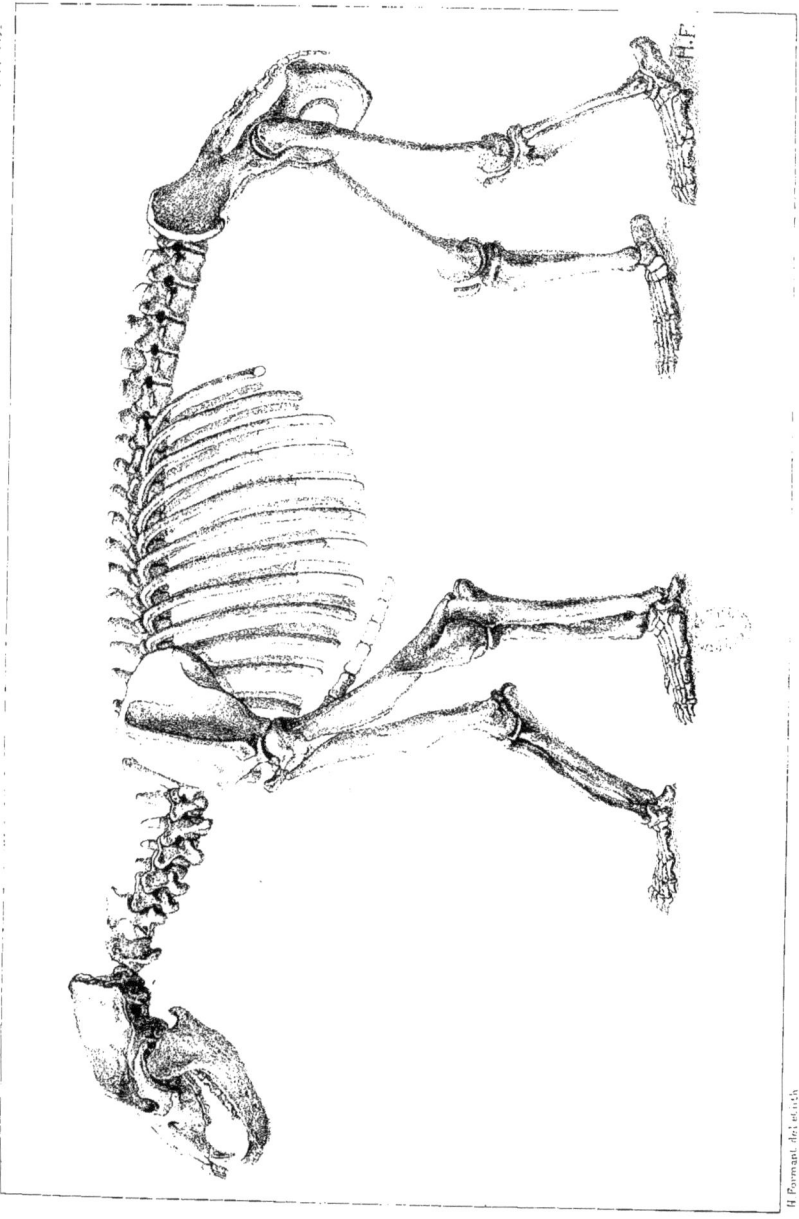

H. Formant del. et. lith.

Imp. Becquet à Paris.

Ursus spelæus, Blum var. minor
Vu env. de la gr. nat.

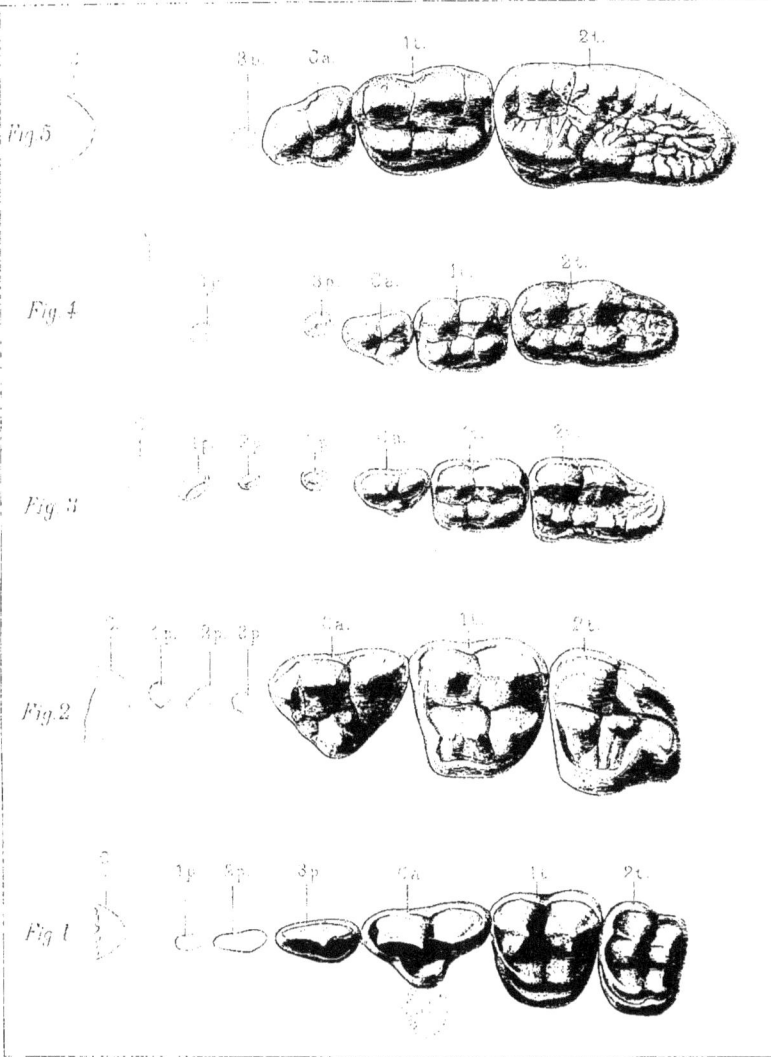

Fig 1. Hemicyon Sansaniensis, *Lart.* — Fig. 2. Hyænarctos palæindicus, *Lyd.*
Fig. 3. Ursus arvernensis, *Croiz et Job* — Fig. 4. Ursus arctos, *Lin.* — Fig. 5. Ursus
spelœus, *Blum.* Var minor — *Toutes les figures sont gr. nat.*

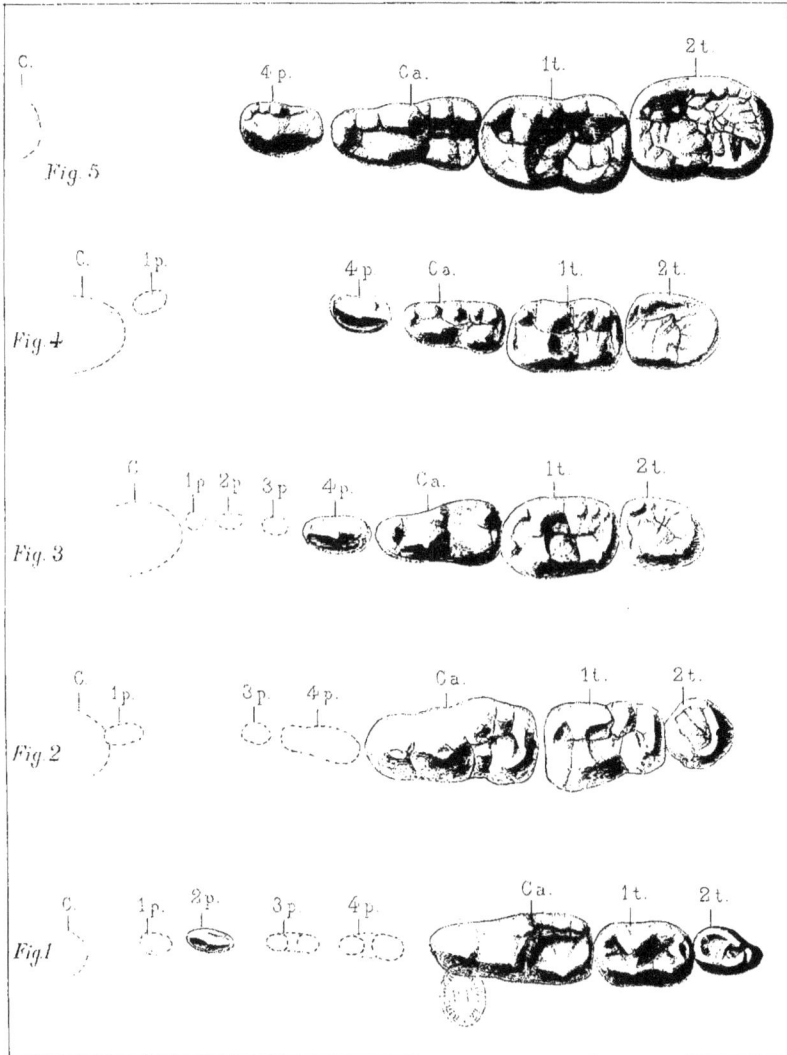

Fig. 1. Hemicyon Sansaniensis, Lart.__Fig. 2. Hyænarctos punjabiensis Lyd.
Fig. 3. Ursus arvernensis, Croiz.et Job.__Fig. 4. Ursus arctos, Lin.__Fig 5. Ursus
spelœus, Blum. Var minor.__(Les fig. 1,3,4,5, de grand.nat. La fig 2 réduite de 1/5 env.

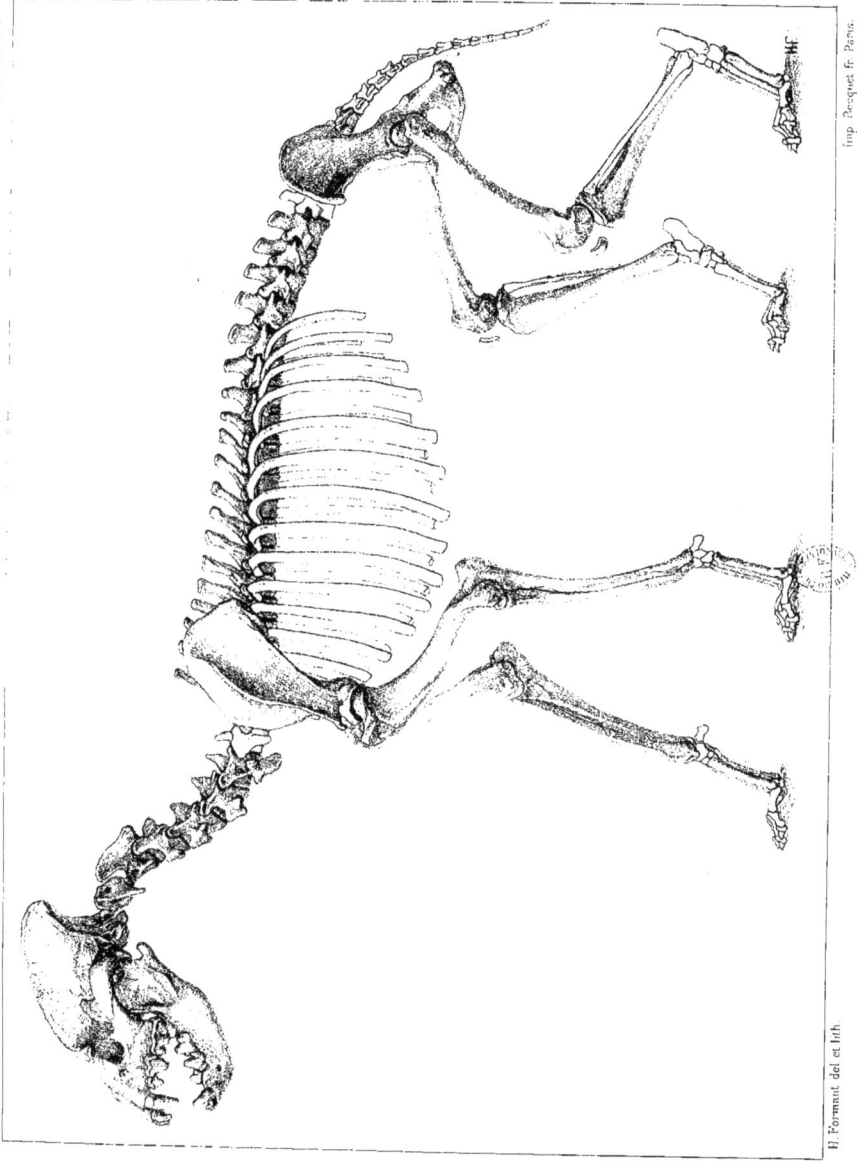

H. Formant. del et lith.

Imp. Becquet fr. Paris.

Hyæna crocuta, Erxl. race spelæa.
1/6 env. de la gr. nat.

LES OUBLIETTES DE GARGAS.

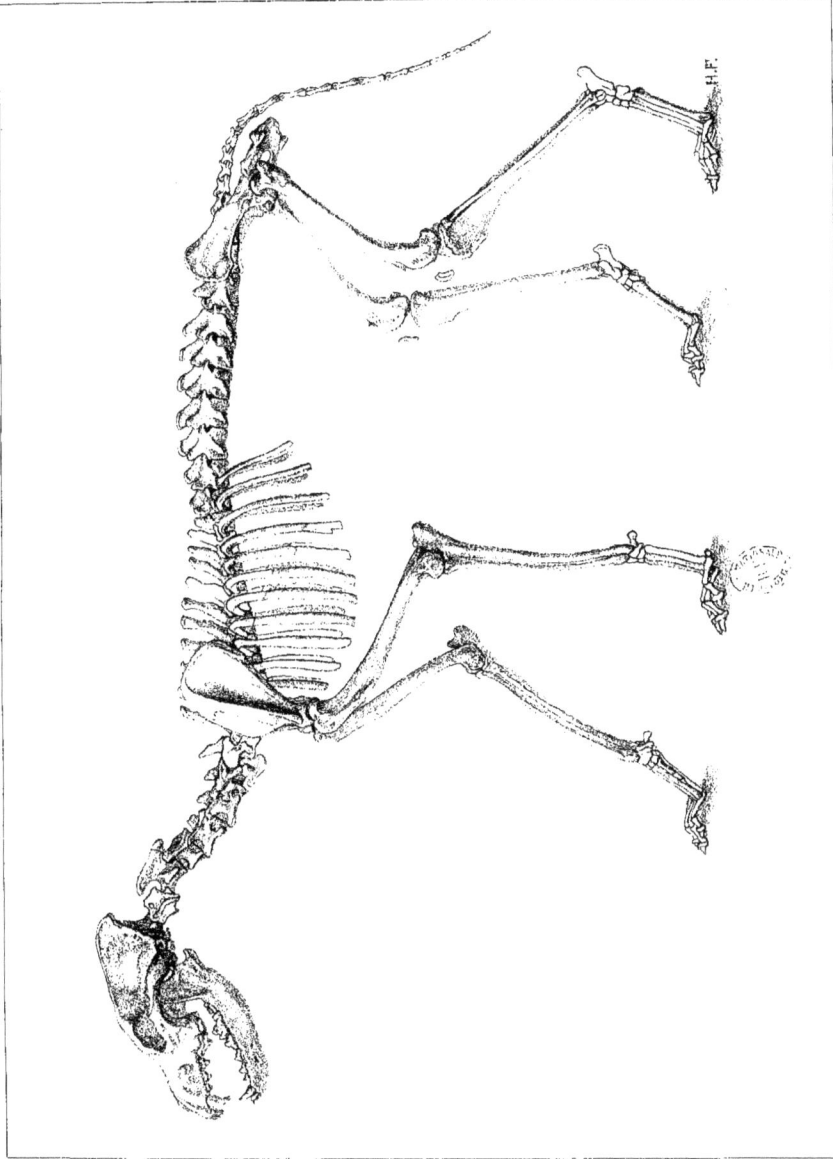

H. Formiant, del. et lith.

Imp. Becquet.fr. Paris.

Canis lupus, *Lin.*

1/5 *env. de la grandeur nat.*

4 Octobre 6

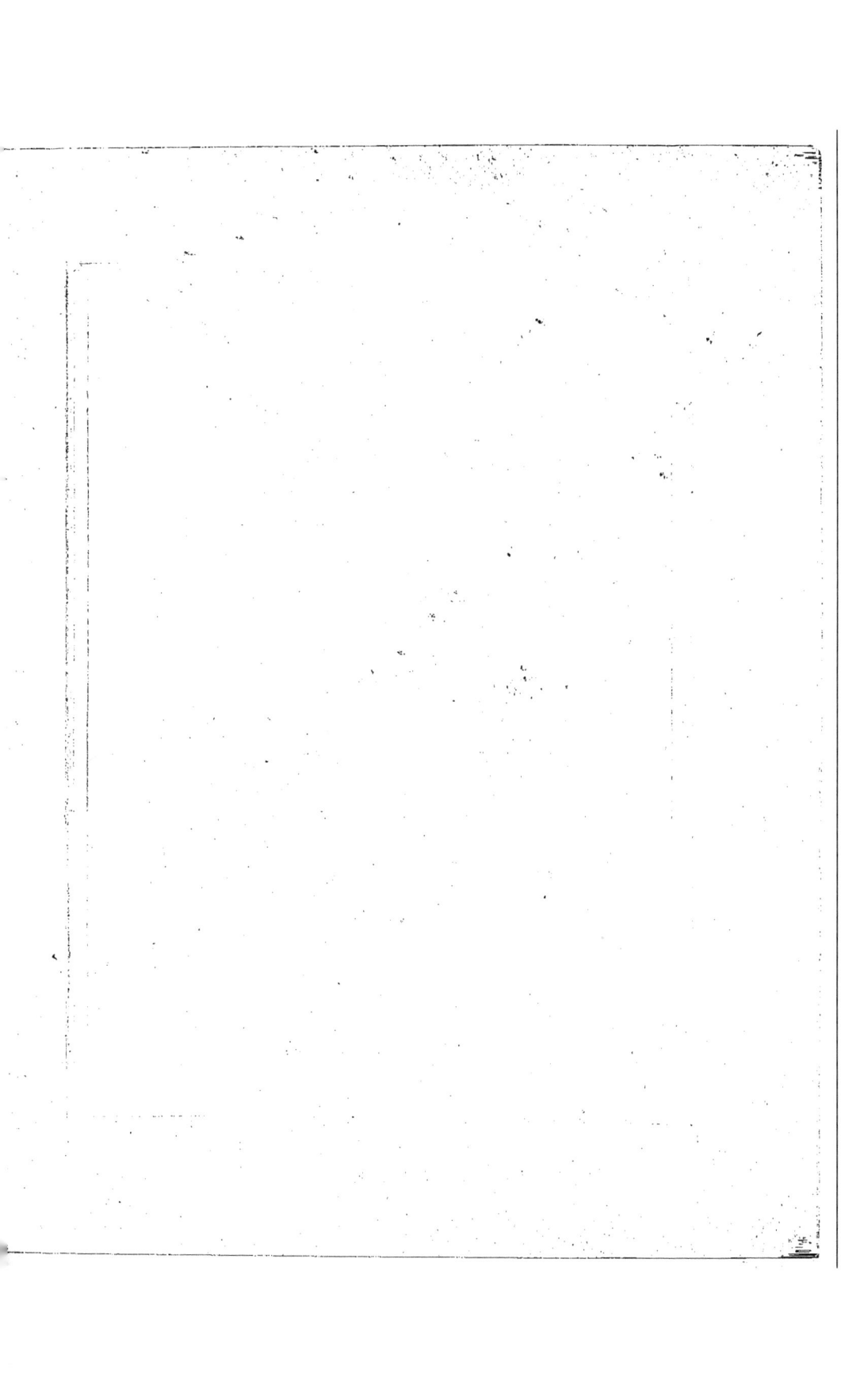

MATÉRIAUX

POUR

L'HISTOIRE DES TEMPS QUATERNAIRES

PAR

Albert GAUDRY

Membre de l'Institut, professeur au Muséum d'histoire naturelle

ET

Marcellin BOULE

Agrégé des sciences naturelles

TROISIÈME FASCICULE

PARIS

LIBRAIRIE F. SAVY

77, BOULEVARD SAINT-GERMAIN, 77

1888

13775. — Imprimeries réunies, A, rue Mignon, 2, Paris.

MATÉRIAUX

POUR

L'HISTOIRE DES TEMPS QUATERNAIRES

PAR

Albert GAUDRY

Membre de l'Institut, Professeur au Muséum d'histoire naturelle

ET

Marcellin BOULE

Agrégé de l'Université, Docteur ès sciences

QUATRIÈME FASCICULE

PARIS

LIBRAIRIE F. SAVY

77, BOULEVARD SAINT-GERMAIN, 77

1892

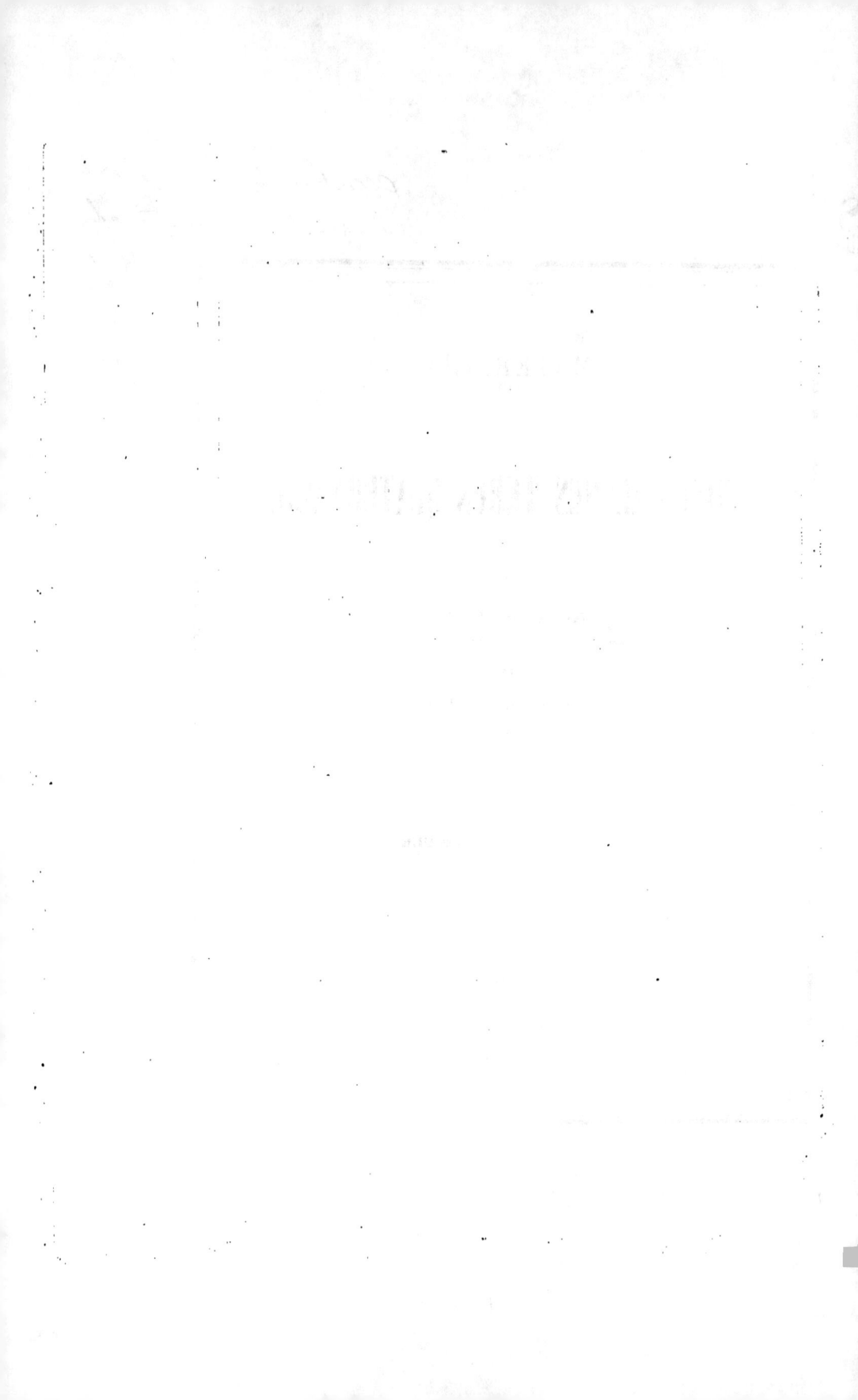

www.ingramcontent.com/pod-product-compliance
Lightning Source LLC
Chambersburg PA
CBHW032247210326
41521CB00031B/1454